# 점프
# 왕

최상위 5%
도약을 위한

# 수학

최상위

대한민국 수학학력평가의 새로운 기준!!

# KMA
# 한국수학학력평가

| **시험일자** 상반기 | 매년 6월 셋째주
　　　　　　 하반기 | 매년 11월 셋째주

| **응시대상** 초등 1년 ~ 중등 3년 (미취학생 및 상급학년 응시 가능)

| **응시방법** KMA 홈페이지 접수 또는 각 지역별 학원접수처 방문 접수

성적우수자 특전 및 시상 내역 등 기타 자세한 사항은 KMA 홈페이지를 참조하세요.

홈페이지 바로가기
(www.kma-e.com)

▶ 본 평가는 100% 오프라인 평가입니다.

주최 | 한국수학학력평가연구원　　　　주관 | ▼(주)에듀왕

JUMP
점프왕수학

최상위

3·2

# 구성과 특징

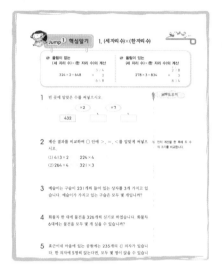

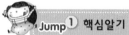

## Jump 1 핵심알기

단원의 핵심 내용을 요약한 뒤 각 단원에 직접 연관된 정통적인 문제와 기본 원리를 묻는 문제들로 구성하고 'Jump 도우미'를 주어 기초를 확실하게 다지도록 하였습니다.

## Jump 2 핵심응용하기

단원의 대표 유형 문제를 뽑아 풀이에 맞게 풀어 본 후, 확인 문제로 대표적인 유형을 확실하게 정복할 수 있도록 하였습니다.

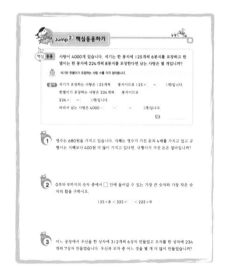

## Jump 3 왕문제

교과 내용 또는 교과서 밖에서 다루어지는 새로운 유형의 문제들을 폭넓게 다루어 교내의 각종 고사 및 경시대회에 대비하도록 하였습니다.

# ① 곱셈

1. (세 자리 수) × (한 자리 수)
2. (몇십) × (몇십), (몇십몇) × (몇십)
3. (몇) × (몇십몇), (몇십몇) × (몇십몇)

## 이야기 수학

### ✳ 고대 이집트인의 곱셈법

고대 이집트인은 20×7의 계산을 어떻게 하였을까요? 오늘날은 곱이 140이라는 것을 쉽게 구할 수 있지만 그 당시는 쉬운 곱셈법이 없었기 때문에 다음과 같은 방법으로 곱셈을 하였습니다.

[첫째] 1부터 시작하여 2를 곱한 수를 연속하여 늘어놓습니다.

$$1, \quad 2, \quad 4, \quad 8, \quad 16, \quad 32, \cdots$$
$$\quad \times 2 \quad \times 2 \quad \times 2 \quad \times 2 \quad \times 2$$

[둘째] 20×7의 경우 곱하는 수 7부터 시작하여 2를 곱한 수를 연속하여 늘어놓습니다.

$$7, \quad 14, \quad 28, \quad 56, \quad 112, \quad 224, \cdots\cdots$$
$$\quad \times 2 \quad \times 2 \quad \times 2 \quad \times 2 \quad \times 2$$

[셋째] 20×7에서 곱해지는 수 20은 첫째에서 늘어놓은 수 중 어느 수들의 합인지 살펴봅니다.

$$1, \quad 2, \quad ④, \quad 8, \quad ⑯, \quad 32, \cdots\cdots$$

합 20

이때, 세 번째의 4와 다섯 번째의 16을 더한 값이 20인 것을 알 수 있습니다.

[넷째] 둘째에서 늘어놓은 수 중 세 번째와 다섯 번째의 수를 더하여 답을 구합니다.

따라서 28+112=140입니다.

번거로운 방법이긴 하지만 곱셈법이 발달하지 않은 고대에는 획기적인 방법이었습니다.

그렇다면 13×11의 계산을 고대 이집트 곱셈법으로 한다면 어찌해야 할지 생각해 보세요.

---

🌑 올림이 없는
  (세 자리 수)×(한 자리 수)의 계산

$$324 \times 2 = 648 \qquad \begin{array}{r} 324 \\ \times \quad 2 \\ \hline 648 \end{array}$$

🌑 올림이 있는
  (세 자리 수)×(한 자리 수)의 계산

$$278 \times 3 = 834 \qquad \begin{array}{r} {}^{2\,2} \\ 278 \\ \times \quad 3 \\ \hline 834 \end{array}$$

---

**1**   빈 곳에 알맞은 수를 써넣으시오.

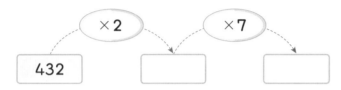

> **Jump 도우미**

**2**   계산 결과를 비교하여 ○ 안에 >, =, <를 알맞게 써넣으시오.

  (1) $413 \times 2$ ◯ $224 \times 4$

  (2) $264 \times 4$ ◯ $321 \times 3$

> ✐ 먼저 계산을 한 후에 두 수의 크기를 비교합니다.

**3**   예슬이는 구슬이 231개씩 들어 있는 상자를 3개 가지고 있습니다. 예슬이가 가지고 있는 구슬은 모두 몇 개입니까?

**4**   화물차 한 대에 물건을 326개씩 싣기로 하였습니다. 화물차 6대에는 물건을 모두 몇 개 실을 수 있습니까?

**5**   효근이네 마을에 있는 공원에는 235개의 긴 의자가 있습니다. 한 의자에 5명씩 앉는다면, 모두 몇 명이 앉을 수 있습니까?

 **핵심 응용**

사탕이 4000개 있습니다. 석기는 한 봉지에 125개씩 6봉지를 포장하고 한 별이는 한 봉지에 224개씩 8봉지를 포장한다면 남는 사탕은 몇 개입니까?

**생각열기** 석기와 한별이가 포장하는 사탕 수를 각각 알아봅니다.

**풀이** 석기가 포장하는 사탕은 125개씩 ☐ 봉지이므로 125 × ☐ = ☐ (개)입니다.

한별이가 포장하는 사탕은 224개씩 ☐ 봉지이므로

224 × ☐ = ☐ (개)입니다.

따라서 남는 사탕은 4000 − ☐ − ☐ = ☐ (개)입니다.

 **답** _____

 **확인 1**

영수는 680원을 가지고 있습니다. 지혜는 영수가 가진 돈의 4배를 가지고 있고 규형이는 지혜보다 400원 더 많이 가지고 있다면, 규형이가 가진 돈은 얼마입니까?

 **확인 2**

0부터 9까지의 숫자 중에서 ☐ 안에 들어갈 수 있는 가장 큰 숫자와 가장 작은 숫자의 합을 구하시오.

$$125 \times 8 < 325 \times \square < 225 \times 9$$

 **확인 3**

어느 공장에서 우산을 한 상자에 312개씩 6상자 만들었고 모자를 한 상자에 234개씩 7상자 만들었습니다. 우산과 모자 중 어느 것을 몇 개 더 많이 만들었습니까?

### ● (몇십)×(몇십)의 계산

$$30 \times 70 = 2100$$
$$3 \times 7 = 21$$

(몇)×(몇)을 계산한 뒤 0을 곱의 뒤에 2개 더 붙여 줍니다.

### ● (몇십 몇)×(몇십)의 계산

$$27 \times 40 = 1080$$
$$27 \times 4 = 108$$

(몇십몇)×(몇)을 계산하고 일의 자리에 0을 한 개 붙여 줍니다.

---

**Jump 도우미**

① ■×▲＝▲×■
60×30과 30×60의 계산 결과는 같습니다.

**1** 빈칸에 알맞은 수를 써넣으시오.

| × | 30 | 50 |
|---|---|---|
| 60 | | |
| 45 | | |

**2** 계산 결과가 45×70보다 작은 것을 모두 찾아 기호를 쓰시오.

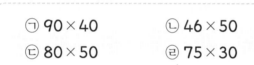

ㄱ 90×40     ㄴ 46×50
ㄷ 80×50     ㄹ 75×30

② 45×70을 먼저 계산합니다.

**3** 한별이는 1분에 74 m씩 걷는다고 합니다. 1시간에는 몇 m를 걸을 수 있습니까?

**4** 어느 극장에 의자가 한 줄에 48개씩 20줄 놓여 있습니다. 의자는 모두 몇 개입니까?

**5** 사과가 12개씩 들어 있는 상자가 70개 있습니다. 상자에 들어 있는 사과는 모두 몇 개입니까?

**핵심 응용** 웅이는 위인전을 하루에 15쪽씩 20일 동안 읽었고 과학책을 하루에 20쪽씩 30일 동안 읽었습니다. 웅이는 위인전과 과학책을 모두 몇 쪽 읽었습니까?

생각 열기 웅이가 읽은 위인전과 과학책의 쪽수를 각각 알아봅니다.

**풀이** 웅이는 위인전을 하루에 ☐쪽씩 20일 동안 읽었으므로 위인전을 읽은 쪽수는 ☐ × 20 = ☐ (쪽)이고 과학책을 하루에 20쪽씩 ☐일 동안 읽었으므로 과학책을 읽은 쪽수는 20 × ☐ = ☐ (쪽)입니다.

따라서 웅이는 위인전과 과학책을 모두 ☐ + ☐ = ☐ (쪽) 읽었습니다.

**답** _____

**1** 동화책을 한초는 하루에 60쪽씩 읽고 한솔이는 하루에 50쪽씩 읽는다고 합니다. 두 사람이 동화책을 각각 3주일 동안 읽었다면, 누가 몇 쪽 더 많이 읽었습니까?

**2** 어떤 수에 80을 곱해야 할 것을 잘못하여 더했더니 172가 되었습니다. 바르게 계산하면 얼마입니까?

**3** 다음 조건을 모두 만족하는 두 수의 곱을 구하시오.

> • 두 수의 합은 65입니다.
> • 두 수의 차는 25입니다.

**(몇)×(몇십몇)**

$$
\begin{array}{r} 4 \\ \times\,2\,4 \end{array} \Rightarrow
\begin{array}{r} 4 \\ \times\,2\,4 \\ \hline 1\,6 \end{array} \Rightarrow
\begin{array}{r} 4 \\ \times\,2\,4 \\ \hline 1\,6 \\ 8\,0 \end{array} \Rightarrow
\begin{array}{r} 4 \\ \times\,2\,4 \\ \hline 1\,6 \\ 8\,0 \\ \hline 9\,6 \end{array}
$$

$$\left(\begin{matrix}(몇)\\ \times\,(몇)\end{matrix}\right) + \left(\begin{matrix}(몇)\\ \times\,(몇십)\end{matrix}\right) = \left(\begin{matrix}(몇)\\ \times\,(몇십몇)\end{matrix}\right)$$

**(몇십몇)×(몇십몇)**

$$
\begin{array}{r} 2\,4 \\ \times\,3\,6 \end{array} \Rightarrow
\begin{array}{r} 2\,4 \\ \times\,3\,6 \\ \hline 1\,4\,4 \end{array} \Rightarrow
\begin{array}{r} 2\,4 \\ \times\,3\,6 \\ \hline 1\,4\,4 \\ 7\,2\,0 \end{array} \Rightarrow
\begin{array}{r} 2\,4 \\ \times\,3\,6 \\ \hline 1\,4\,4 \\ 7\,2\,0 \\ \hline 8\,6\,4 \end{array}
$$

$$\left(\begin{matrix}(몇십몇)\\ \times\,(몇)\end{matrix}\right) + \left(\begin{matrix}(몇십몇)\\ \times\,(몇십)\end{matrix}\right) = \left(\begin{matrix}(몇십몇)\\ \times\,(몇십몇)\end{matrix}\right)$$

 **Jump 도우미**

**1** 빈칸에 알맞은 수를 써넣으시오.

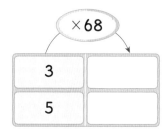

| ×68 | |
|---|---|
| 3 | |
| 5 | |

**2** 계산 결과가 가장 큰 것부터 차례대로 기호를 쓰시오.

> ㉠ 25×47  ㉡ 58×19
>
> ㉢ 34×27  ㉣ 43×46

**3** 호두과자가 한 봉지에 25개씩 들어 있습니다. 64봉지에는 호두과자가 모두 몇 개 있습니까?

③ 구하는 것은 호두과자의 수 이고 주어진 것은 한 봉지에 들어 있는 호두과자의 수와 봉지 수입니다.

**4** 버스 한 대에 승객이 45명 앉을 수 있습니다. 버스 74대에는 모두 몇 명이 앉을 수 있습니까?

**5** 한초네 학교 학생을 37모둠으로 나누었더니 한 모둠에 학생 수가 33명이었습니다. 한초네 학교 학생은 모두 몇 명입니까?

핵심 응용 운동장에 3, 4학년 학생들이 줄을 섰습니다. 3학년 학생들은 13명씩 21줄로 섰고, 4학년 학생들은 15명씩 19줄로 섰더니 2명이 남았습니다. 3, 4학년 학생들은 모두 몇 명입니까?

생각열기 3, 4학년 학생 수가 각각 몇 명인지 알아봅니다.

풀이 3학년 학생 수는 13명씩 ☐ 줄로 섰으므로 13 × ☐ = ☐ (명)입니다.

4학년 학생 수는 15명씩 ☐ 줄로 섰더니 ☐ 명이 남았으므로

15 × ☐ + ☐ = ☐ (명)입니다.

따라서 3, 4학년 학생들은 모두 ☐ + ☐ = ☐ (명)입니다.

답 _____

**1** 초콜릿 맛 사탕을 한 사람에게 23개씩 52명에게 나누어 주면 9개가 남고 자두 맛 사탕을 한 사람에게 18개씩 63명에게 나누어 주려면 17개가 모자란다고 합니다. 어떤 사탕이 몇 개 더 많습니까?

**2** ☐ 안에 알맞은 숫자를 써넣으시오.

(1)
```
      ☐ 8
  ×   3 ☐
  ─────────
    4 0 6
  1 ☐ 4
  ─────────
  2 ☐ ☐ 6
```

(2)
```
      6 ☐
  ×   ☐ 5
  ─────────
    3 ☐ 5
  1 2 6
  ─────────
  ☐ 5 ☐ 5
```

**3** 석기와 가영이는 밤을 주웠습니다. 석기는 36개씩 34봉지를 줍고, 가영이는 42개씩 48봉지를 주웠습니다. 석기와 가영이가 주은 밤은 모두 몇 개입니까?

**1**   □ 안에 알맞은 수를 써넣으시오.

$$(54 \times 56) - (\boxed{\phantom{00}} \times 30) = 2334$$

**2**   영수는 색종이 8묶음을 가지고 있는데 한 묶음에 125장의 색종이가 들어 있습니다. 이 색종이를 하루에 35장씩 사용하여 2주일 동안 학을 접는다면 남는 색종이는 몇 장 입니까?

**3**   ㉠★㉡=(㉠−㉡)×(㉠+㉡)을 나타냅니다. (9★4)★32를 계산하면 얼마입니까?

**4** 문구점에 색연필은 48자루씩 43상자 있고 형광펜은 140자루씩 몇 상자 있습니다. 색연필과 형광펜이 모두 3184자루라면, 문구점에 형광펜은 몇 상자 있습니까?

**5** 일주일에 5일 동안 일을 하는 공장에서 8명이 일하고 있습니다. 한 사람이 하루에 18개의 물건을 만든다면, 4주일 동안 모두 몇 개의 물건을 만들겠습니까?

**6** 어느 공장에서 세발자전거를 하루에 23대씩 만듭니다. 3월과 4월 두 달 동안 쉬는 날이 없이 일을 했다면 이 공장에서 만든 세발자전거의 바퀴는 모두 몇 개입니까?

**7** 1, 2, 3, 4, …, 10, 11, …, 999, 1000과 같이 1부터 1000까지 모든 수를 한 번씩 쓸 때 숫자를 모두 몇 개 써야 합니까? (예를 들면, 10은 숫자가 2개이고, 555는 숫자가 3개입니다.)

**8** 오른쪽 곱셈식에서 ■, ▲는 0이 아닌 서로 다른 숫자입니다. ■가 ▲보다 더 큰 숫자일 때, ■, ▲는 각각 어떤 숫자입니까?

$$
\begin{array}{r}
\blacksquare\ \blacktriangle \\
\times\ \blacktriangle\ \blacksquare \\
\hline
2\ 4\ 3\ 0
\end{array}
$$

**9** 굵기가 일정한 통나무를 한 번 자르는 데 4분이 걸린다고 합니다. 길이가 24 m인 통나무를 1 m 간격으로 쉬지 않고 모두 자르는 데는 몇 분이 걸리겠습니까?

**10** 4장의 숫자 카드 3, 5, 7, 9 를 모두 사용하여 (세 자리 수)×(한 자리 수)의 곱셈식을 만들려고 합니다. 곱셈식을 만들어 계산할 때 곱이 가장 큰 경우 그 곱은 얼마입니까?

**11** 주어진 4장의 숫자 카드를 모두 사용하여 (두 자리 수)×(두 자리 수)의 곱셈식을 만들 때, 가장 큰 곱과 가장 작은 곱을 차례대로 쓰시오.

5  6  2  8

**12** 다음 세 개의 식 중에서 곱이 가장 큰 식의 곱은 얼마입니까?

- $24 \times 2 \times 13$
- $6 \times 8 \times 16$
- $16 \times 3 \times 14$

**13** 길이가 12 m인 버스가 1분에 965 m를 달리고 있습니다. 이 버스가 같은 빠르기로 터널을 완전히 통과하는 데 6분이 걸렸다면, 터널의 길이는 몇 m입니까?

**14** □ 안에 알맞은 수를 구하시오.

$$(123 \times 7) + (123 \times 8) = (20 \times 123) - (\square \times 123)$$

**15** 다음 곱셈식에서 ㉮가 될 수 있는 자연수는 모두 몇 개입니까?

$$㉮ \times ㉯ = 200$$

**16** 다음을 만족하는 ㉮와 ㉯를 각각 구하시오.

$$5㉮ \times ㉯8 = 1596$$

**17** 물이 3분에 18 L씩 나오는 ㉮ 수도꼭지와 5분에 24 L씩 나오는 ㉯ 수도꼭지가 있습니다. 두 수도꼭지에서 나오는 물의 양은 일정하다고 할 때, 2개의 수도꼭지를 동시에 틀어 한 시간 동안 받은 물의 양은 몇 L입니까?

**18** 곱셈식을 이용하여 다음을 계산하시오.

$$11 + 12 + 13 + 14 + \cdots\cdots + 35 + 36 + 37 + 38$$

**1** 어느 주차장의 주차 요금은 처음 30분까지는 3000원이고, 30분이 지난 후에는 10분마다 500원씩입니다. 이 주차장에 2시간 동안 주차하였다면, 주차 요금은 얼마입니까?

**2** 동물 농장에 토끼와 닭이 모두 485마리 있는데 다리를 세어 보니 1744개였습니다. 동물 농장에 있는 닭은 몇 마리입니까?

**3** $1+2+3+\cdots+10=55$일 때, $16+32+48+\cdots+160$의 값을 구하시오.

**4** 7을 75번 곱한 수의 일의 자리 숫자는 무엇입니까?

**5** 어떤 수와 40의 곱과 어떤 수와 30의 곱의 차를 구하였더니 550이었습니다. 어떤 수와 70의 곱은 얼마입니까?

**6** 다음과 같이 수를 써 나갈 때, 80번째에 놓이는 수는 얼마입니까?

| 첫 번째 | 두 번째 | 세 번째 | 네 번째 | … | 80번째 |
|---|---|---|---|---|---|
| 2 | 15 | 28 | 41 | … | ☐ |

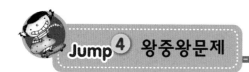 

**7** 오른쪽의 보기 에서 1, 4, 9처럼 같은 수를 두 번 곱하여 얻은 수를 제곱수라고 합니다. 세 자리 수 중에서 제곱수는 모두 몇 개입니까?

보기

$1 \times 1 = 1$

$2 \times 2 = 4$

$3 \times 3 = 9$

**8** 길이가 2 m인 나무 막대가 있습니다. 이 막대를 20 cm씩 잘라 10도막으로 만들려고 합니다. 한 번 자르는 데는 275초가 걸리며, 또 자르기 위해서는 35초씩 휴식시간이 필요하다고 합니다. 10도막으로 자르는 데 걸린 시간은 몇 초입니까?

**9** 4장의 숫자 카드 6 , 7 , 0 , 2 가 있습니다. 숫자 카드를 모두 사용하여 곱이 가장 작은 (두 자리 수)×(두 자리 수)와 곱이 가장 작은 (세 자리 수)×(한 자리 수)를 각각 만들어 두 곱의 차를 구하시오. (단, 곱은 0이 될 수 없습니다.)

**10** 어떤 두 자리 수의 십의 자리와 일의 자리 숫자를 바꾸어 7을 곱했더니 581이 되었습니다. 처음 두 자리 수에 16을 곱한 값은 얼마입니까?

**11** ㉮와 ㉯는 서로 다른 숫자를 나타냅니다. ㉮와 ㉯의 합을 구하시오.

> • 1㉮×3㉯=㉮㉮㉮
> • ㉮+㉮+㉮+㉮=㉯+13

**12** 다음 조건을 모두 만족하는 수를 구하시오.

> • 세 자리 수입니다.
> • 제곱수입니다. (4×4=16, 13×13=169에서 16, 169와 같이 같은 수를 두 번 곱해 얻어진 수를 제곱수라고 합니다.)
> • 일의 자리 숫자는 4입니다.
> • 백의 자리 숫자는 일의 자리 숫자보다 3 큽니다.

**13** 예슬이는 ㉠㉡×㉢8을 **보기** 와 같은 방법으로 계산하려고 합니다. ㉠+㉡+㉢은 얼마입니까?

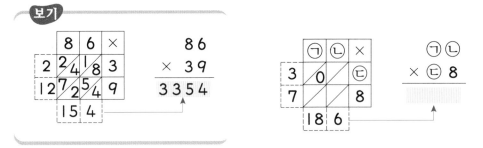

**14** 정사각형의 색종이 600장을 겹치지 않게 하여 빈틈없이 늘어놓아 직사각형 모양을 만든 뒤, 가로로 2줄을 걷어내고, 다시 세로로 1줄을 걷어내었더니 507장의 색종이가 남았습니다. 처음에 만든 직사각형의 가로 한 줄에는 몇 장의 색종이를 놓았습니까?

**15** 두 식에서 ㉠, ㉡, ㉢, ㉣, ㉤은 각각 1에서 9까지의 숫자 중에서 서로 다른 숫자를 나타냅니다. ㉤이 나타내는 숫자는 무엇입니까?

$$
\begin{array}{r}
5\ ㉠\ 3\ 4 \\
+\ ㉡\ 8\ 5\ ㉢ \\
\hline
8\ 5\ ㉣\ ㉠
\end{array}
\qquad
\begin{array}{r}
㉠\ 6 \\
\times\ ㉡\ ㉢ \\
\hline
1\ 7\ ㉤\ ㉣
\end{array}
$$

80점 이상 ▶ 영재교육원 문제를 풀어 보세요.
60점 이상~80점 미만 ▶ 틀린 문제를 다시 확인 하세요.
60점 미만 ▶ 왕문제를 다시 풀어 보세요.

**16** 다음에서 규칙을 찾아 ㉮에 알맞은 수를 구하시오.

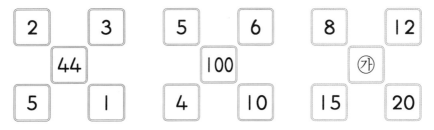

**17** 원 모양의 공원 둘레에 17 m 간격으로 나무가 일정하게 심어져 있습니다. 한 나무를 기준으로 그 나무부터 세어 오른쪽으로 4번째 나무와 왼쪽으로 6번째 나무가 마주 보고 심어져 있습니다. 이 공원의 둘레는 몇 m입니까? (단, 나무의 두께는 생각하지 않습니다.)

**18** ㉮와 ㉯ 상자에 구슬이 들어 있습니다. 상연이는 ㉮ 상자의 구슬을 8개씩 꺼냈더니 243번만에 모두 꺼냈고, 예슬이는 ㉯ 상자의 구슬을 6개씩 꺼냈더니 144번만에 모두 꺼냈습니다. 상연이와 예슬이는 꺼낸 구슬을 다시 상자에 넣은 후 상자를 바꾸어 상연이는 ㉯ 상자의 구슬을 8개씩, 예슬이는 ㉮ 상자의 구슬을 6개씩 모두 꺼낼 때 상연이와 예슬이가 꺼낸 횟수의 합을 구하시오.

**1** 두 자리 자연수 ㉠과 ㉡을 곱했을 때, 111, 222, 333, … 등과 같이 같은 숫자로 된 세 자리 자연수가 되는 경우는 모두 몇 가지입니까? (단, ㉠×㉡과 ㉡×㉠은 한 가지 경우로 생각합니다.)

**2** 보기에서 규칙을 찾아 (32◆25)◆8의 값을 구하시오.

> **보기**
> 8◆4=28   6◆5=29   7◆7=49

# ② 나눗셈

1. 나머지가 없는
   (몇십)÷(몇), (몇십몇)÷(몇)
2. 나머지가 있는 (몇십몇)÷(몇)
3. 나머지가 없는 (세 자리 수)÷(한 자리 수)
4. 나머지가 있는 (세 자리 수)÷(한 자리 수)

 이야기 수학

## ✳ 0÷0은 얼마일까요?

오후 쉬는 시간에 몇 명의 친구들이 '0÷0'을 논하고 있습니다. 예슬이는 "3÷3=1과 같이 0÷0=1이야."라고 하고, 동민이는 "0은 아무것도 없는 것을 의미하므로 0÷0=0이야."라고 합니다. 또 가영이는 "0÷3=0, 0÷5=0과 같이 0÷0=0이다."라고 주장합니다.

과연 0÷0은 얼마일까요?

'나누기'는 6÷2=3 ➡ 2×3=6과 같이 '곱셈'으로 바꾸어 계산할 수 있으므로 0÷0이라는 것은 □×0=0이 되는 □를 구하는 일입니다. 그런데 어떤 수에 0을 곱하면 0이 되므로 0÷0의 답은 어떤 수라도 좋습니다. 그래서 '나눗셈'이라는 연산에서는 0으로 나누는 것은 생각하지 않는 것으로 한답니다.

💫 나머지가 없는 (몇십)÷(몇)의 계산    💫 나머지가 없는 (몇십몇)÷(몇)의 계산

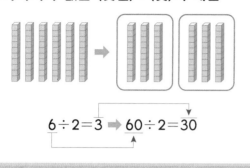

$$6 \div 2 = 3 \Rightarrow 60 \div 2 = 30$$

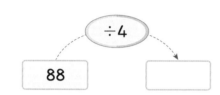

$$46 \div 2 = 23$$

**1** 빈 곳에 알맞은 수를 써넣으시오.

÷4

88

Jump 도우미

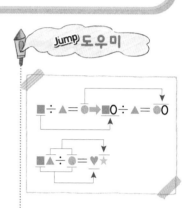

**2** 계산 결과를 비교하여 ○ 안에 >, =, <를 알맞게 써넣으시오.

(1) $60 \div 3$ ◯ $68 \div 2$

(2) $70 \div 5$ ◯ $99 \div 9$

**3** 색종이 70장을 한 사람에게 7장씩 나누어 주려고 합니다. 몇 명에게 나누어 줄 수 있습니까?

**4** 사탕 80개를 모두 네 사람이 똑같이 나누어 먹으려고 합니다. 한 사람이 몇 개씩 먹을 수 있습니까?

**5** 귤 96개를 한 봉지에 3개씩 나누어 담으면, 모두 몇 개의 봉지에 담을 수 있습니까?

 핵심 응용　사과 39개를 한 봉지에 3개씩 담고 배 40개를 한 봉지에 4개씩 담으려고 합니다. 봉지는 모두 몇 개 필요합니까?

 생각열기　사과와 배를 담는 데 필요한 봉지 수를 각각 알아봅니다.

풀이　사과를 담는 데 필요한 봉지는 ☐ ÷3= ☐ (개)이고

배를 담는 데 필요한 봉지는 ☐ ÷4= ☐ (개)입니다.

따라서 사과와 배를 담는 데 필요한 봉지는 모두 ☐ + ☐ = ☐ (개)입니다.

답 _____

 확인
1　가영이네 반 학생은 28명입니다. 연필 80자루를 한 학생에게 4자루씩 나누어 준다면, 연필을 받지 못하는 학생은 몇 명입니까?

 확인
2　한별이네 학교 3학년 1반은 27명, 2반은 29명입니다. 두 반의 학생들을 반 구분 없이 긴 의자에 4명씩 앉힌다면, 몇 개의 의자가 필요합니까?

 확인
3　어느 농장에 있는 돼지의 다리 수를 세어 보니 84개였고 닭의 다리 수를 세어 보니 돼지의 다리 수보다 44개 적었습니다. 돼지와 닭 중에서 어느 동물이 몇 마리 더 많습니까?

### 🏀 나눗셈의 몫과 나머지

23을 5로 나누면 몫이 4
이고 3이 남습니다. 이때,
3을 23÷5의 나머지라
고 합니다.
나머지가 0일 때, 나누어떨어진다고 합니다.

$$5\overline{)23} \begin{array}{r} 4 \leftarrow 몫 \\ 20 \\ \hline 3 \leftarrow 나머지 \end{array}$$

$$6\overline{)74} \Rightarrow 6\overline{)74}\begin{array}{r}1\\60\end{array} \Rightarrow 6\overline{)74}\begin{array}{r}12\\60\\\hline14\\12\end{array} \Rightarrow 6\overline{)74}\begin{array}{r}12\\60\\\hline14\\12\\\hline2\end{array}$$

$$74 \div 6 = 12 \cdots 2$$

• 나눗셈에서 나머지가 있는 경우 나머지는 나누
는 수보다 작아야 합니다.

---

**1** 나머지가 가장 큰 것부터 차례대로 기호를 쓰시오.

> ㉠ 45÷5   ㉡ 59÷6
> ㉢ 13÷4   ㉣ 26÷3

**2** 초콜릿 46개를 7사람이 똑같이 나누어 먹으려고 합니다. 한
사람이 몇 개씩 먹게 되고, 몇 개 남습니까?

**3** 동민이는 시험지 28장을 5묶음으로 똑같이 나누려고 합니
다. 한 묶음에 몇 장씩 묶어야 합니까? 또, 몇 장 남습니까?

**4** 빵 65개를 한 접시에 4개씩 나누어 담으려고 합니다. 빵은
모두 몇 접시가 되고, 몇 개 남습니까?

■ ÷ ▲ = ● … ★
          ↑    ↑
         몫  나머지

**5** 볼펜 74자루를 6명이 최대한 똑같이 나누어 가지고, 남은
볼펜은 석기가 가졌습니다. 석기가 가진 볼펜은 몇 자루입니
까?

 핵심 응용

세 변의 길이가 같은 삼각형을 오른쪽 그림과 같이 모양과 크기가 같은 4개의 삼각형으로 나누었습니다. 가장 큰 삼각형의 세 변의 길이의 합이 96 cm라면, 가장 작은 삼각형의 세 변의 길이의 합은 몇 cm입니까?

생각열기 가장 큰 삼각형의 한 변의 길이를 알아봅니다.

풀이 가장 큰 삼각형의 한 변의 길이는 □÷3=□(cm)이므로 가장 작은 삼각형의 한 변의 길이는 □÷2=□(cm)입니다.

따라서 가장 작은 삼각형의 세 변의 길이의 합은
□+□+□=□×3=□(cm)입니다.

답 _____

 확인 1

빨간색 색연필 44자루와 파란색 색연필 49자루가 있습니다. 이 색연필을 5자루까지 꽂을 수 있는 연필꽂이에 꽂으려고 합니다. 색연필을 모두 다 꽂으려면 연필꽂이는 적어도 몇 개 필요합니까?

 확인 2

□ 안에 알맞은 숫자를 써넣으시오.

(1)
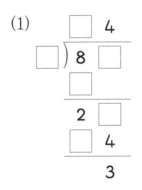

(2)
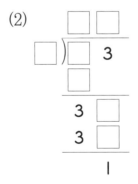

 확인 3

동민이는 과수원에서 감을 83개 땄습니다. 이 감을 친구 6명에게 남김없이 똑같이 나누어 주려고 했더니 몇 개가 부족했습니다. 감을 적어도 몇 개 더 따야 합니까?

● 420÷3의 계산

$$42÷3=14$$
10배   ·420÷3=140·   10배

$$
\begin{array}{r}
140 \\
3\overline{)420} \\
3\phantom{00} \\
\hline
12\phantom{0} \\
12\phantom{0} \\
\hline
0 \\
\end{array}
$$

● 375÷5의 계산

$$
\begin{array}{r}
75 \\
5\overline{)375} \\
350 \leftarrow 5×70 \\
\hline
25 \\
25 \leftarrow 5×5 \\
\hline
0 \\
\end{array}
$$

• 백의 자리에서 3을 5로 나눌 수 없으므로
십의 자리에서 37을 5로 나누고 남은 2와
일의 자리 5를 합쳐 25를 5로 나눕니다.

---

**1** □ 안에 알맞은 숫자를 써넣으시오.

$$
\begin{array}{r}
6\ \square \\
\square\overline{)4\ 5\ 5} \\
4\ 2\phantom{0} \\
\hline
3\ 5 \\
\square\ \square \\
\hline
0 \\
\end{array}
$$

① 먼저 나누는 수가 얼마인지 알아봅니다.

**2** 13□÷7은 나누어떨어지는 나눗셈식입니다. □ 안에 알맞은 숫자를 구하시오.

**3** 선생님께서는 학생들에게 나누어 주려고 한 봉지에 18개씩 들어 있는 사탕을 6봉지 사 오셨습니다. 한 명당 4개씩 나누어 준다면 몇 명까지 나누어 줄 수 있습니까?

**4** 두 사람의 대화를 읽고 연필을 몇 명에게 나누어 줄 수 있는지 구하시오.

> 상연: 연필 80타를 한 명에게 5자루씩 나누어 주려고 해.
> 예슬: 그럼 모두 몇 명까지 나누어 줄 수 있을까?

 **핵심 응용** 126을 어떤 한 자리 수로 나눌 때 나누어떨어진다고 합니다. 나누어떨어지게 하는 어떤 한 자리 수를 모두 구하시오.

> 생각열기 나누어떨어지게 하는 한 자리 수를 1부터 차례대로 알아봅니다.

> 풀이 나누는 수를 1부터 차례대로 알아봅니다.
>
> $126 \div \square = 126$, $126 \div \square = 63$, $126 \div \square = 42$
>
> $126 \div \square = 21$, $126 \div \square = 18$, $126 \div \square = 14$
>
> 따라서 126을 $\square$, $\square$, $\square$, $\square$, $\square$, $\square$ 로 나누면 모두 나누어떨어집니다.

 답 _____

**1** 144를 어떤 한 자리 수로 나누면 나누어떨어진다고 합니다. 나누어떨어지게 하는 어떤 한 자리 수를 모두 구하시오.

**2** 100부터 200까지의 수 중 6으로 나눌 때 나누어떨어지는 수는 모두 몇 개입니까?

**3** 다음 나눗셈이 나누어떨어질 때 $\square$ 안에 들어갈 숫자를 모두 구하시오.

$$2\square4 \div 6$$

🏀 247÷6의 계산

$6)\overline{2}$  →  $6)\overline{24}$  →  $6)\overline{247}$

2÷6     24÷6     247÷6

- 백의 자리에서 2를 6으로 나눌 수 없으므로 십의 자리에서 24를 6으로 나누고, 일의 자리에서 7을 6으로 나누면 1이 남습니다.

**1** ☐ 안에 알맞은 수를 써넣으시오.

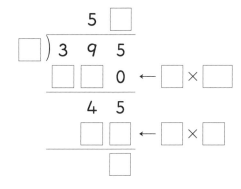

Jump 도우미

① 나누는 수가 무엇인지 먼저 알아봅니다.

**2** 나머지가 가장 큰 것부터 차례로 기호를 쓰시오.

    ㉠ 372÷5       ㉡ 376÷6

    ㉢ 377÷7       ㉣ 379÷8

**3** 사탕 253개를 8봉지에 똑같이 나누어 담으려고 합니다. 한 봉지에 사탕을 몇 개씩 담을 수 있고 몇 개가 남겠습니까?

[식] _____

[답] 한 봉지에 ☐ 개씩 담을 수 있고 ☐ 개가 남습니다.

 **핵심 응용**

숫자 카드 4장을 모두 사용하여 (세 자리 수)÷(한 자리 수)를 만들려고 합니다. 몫이 가장 큰 경우와 몫이 가장 작은 경우의 몫의 차를 구하시오.

3 , 5 , 6 , 8

생각
열기 몫이 가장 크려면 가장 큰 세 자리 수를 가장 작은 한 자리 수로 나누어야 합니다.

**풀이** 몫이 가장 큰 경우는 (□□□)÷□=□···□이고

몫이 가장 작은 경우는 (□□□)÷□=□···□이므로

가장 큰 몫과 가장 작은 몫의 차는 □−□=□입니다.

**답** _____

**1** 다음 나눗셈의 나머지가 6일 때 □ 안에 들어갈 숫자를 모두 구하시오.

48□÷7

**2** □ 안에 들어갈 수 있는 수 중에서 가장 큰 수를 구하시오.

□÷8=72···★

**3** 어떤 수를 6으로 나누어야 할 것을 잘못하여 9로 나누었더니 몫이 28, 나머지가 7이였습니다. 바르게 계산한 몫과 나머지는 각각 얼마입니까?

**1** 한솔이가 하루에 12쪽씩 일주일 동안 읽은 책을 한별이는 4일 동안 모두 읽었습니다. 한별이는 하루에 몇 쪽씩 읽었습니까?

**2** 어떤 수를 6으로 나누어야 할 것을 잘못하여 3으로 나누었더니 몫이 125, 나머지는 2가 되었습니다. 바르게 계산하면 몫과 나머지는 얼마입니까?

**3** 8로 나누었을 때 나머지가 5가 되는 두 자리 수는 모두 몇 개입니까?

**4** ㉠★㉡=(㉠÷㉡)×(㉠+㉡)일 때, 다음을 계산하시오.

(1) 39★3                           (2) 85★5

**5** 오른쪽 그림과 같이 크기가 같은 정사각형 9개를 붙여 도형을 만들었습니다. 굵은 선의 길이가 128 cm라면, 작은 정사각형의 네 변의 길이의 합은 몇 cm입니까?

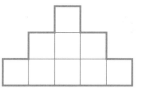

**6** ■는 ●로 나누어떨어지며 몫은 7, ●는 ▲로 나누어떨어지며 몫은 5입니다. ■를 ▲로 나눈 몫은 얼마입니까?

**7** 다음과 같이 검은색 바둑돌과 흰색 바둑돌을 규칙적으로 늘어놓습니다. **97**번째에 놓일 바둑돌은 무슨 색입니까?

 …

**8** 지우개를 한 줄에 **6**개씩 놓았더니 **5**개가 남았고 한 줄에 **7**개씩 놓았더니 **4**개가 남았습니다. 지우개의 수가 **30**개보다 많고 **60**개보다 적다면, 지우개는 모두 몇 개입니까?

**9** 다음 조건을 만족하는 세 자연수 ㉠, ㉡, ㉢이 있습니다. ㉠÷㉢의 값을 구하시오.

$$㉠÷㉡=7, \quad ㉡÷㉢=12$$

**10** 500부터 700까지의 수 중에서 8로 나눌 때 나머지가 5가 되는 수는 모두 몇 개입니까?

**11** 두 자리 수 중에서 4와 7로 각각 나누면 나머지가 1이고, 5로 나누면 나누어떨어지는 수는 얼마인지 구하시오.

**12** 접시에 쿠키 5개를 담아 무게를 재었더니 322 g이었고, 같은 쿠키 8개를 담아 무게를 재었더니 400 g이었습니다. 빈 접시의 무게는 몇 g입니까?

**13** 3으로 나누어도 5로 나누어도 나누어떨어지는 수 중에서 가장 큰 두 자리 수는 얼마입니까?

**14** 두 수 ㉮, ㉯가 있습니다. ㉮를 ㉯로 나누면 몫이 5이고 나머지가 2입니다. ㉮와 ㉯의 합이 44일 때, ㉯를 구하시오.

**15** 두 수 ㉮와 ㉯가 있습니다. ㉮를 ㉯로 나눈 몫은 8이고 나머지는 9입니다. ㉮를 8로 나누었을 때 나머지는 얼마입니까?

**16** 형의 나이는 동생의 나이의 2배이고, 할머니의 연세는 형과 동생의 나이를 합한 것의 4배와 같습니다. 할머니의 연세가 72세이면, 형의 나이는 몇 살입니까?

**17** 어떤 세 자리 수를 9로 나누었더니 나머지가 4가 되었습니다. 어떤 수 중에서 500에 가장 가까운 수는 얼마입니까?

**18** [2], [3], [4], [6] 4장의 숫자 카드를 모두 사용하여 다음과 같은 나눗셈식이 성립되도록 □ 안에 알맞은 숫자를 써넣으시오. (단, 나누는 수가 몫보다 큽니다.)

$$\boxed{\phantom{0}}7 \div \boxed{\phantom{0}} = \boxed{\phantom{0}} \cdots \boxed{\phantom{0}}$$

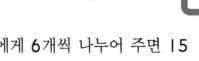

**1** 효근이는 구슬을 몇 개 가지고 있습니다. 몇 명의 친구들에게 6개씩 나누어 주면 15개가 남고 10개씩 나누어 주려면 33개가 부족합니다. 효근이가 가지고 있는 구슬은 모두 몇 개입니까?

**2** 3과 4로 나누면 나누어떨어지고 5로 나누면 나머지가 4인 수 중 두 자리 수를 모두 구하시오.

**3** 예슬이가 가지고 있는 연필은 4타보다 많고 9타보다 적습니다. 예슬이가 가지고 있는 연필 수를 7로 나누면 나누어떨어지고 9로 나누면 5가 남습니다. 예슬이가 가지고 있는 연필은 모두 몇 자루입니까?

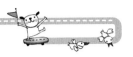

**4** 다음과 같이 어떤 수를 □로 나누었을 때 몫이 **9**이고 나머지가 **8**이 되었습니다. 어떤 수가 될 수 있는 수 중 두 자리 수를 모두 구하시오.

$$(\text{어떤 수}) \div \square = 9 \cdots 8$$

**5** 다음 조건을 모두 만족하는 어떤 수를 있는 대로 구하시오.

- 어떤 수는 두 자리 수입니다.
- 어떤 수를 8로 나누면 나머지가 3입니다.
- 어떤 수를 12로 나누면 나머지가 3입니다.

**6** 어느 해 12월의 달력을 보니 수요일의 날짜의 합이 85였습니다. 이 해의 크리스마스는 무슨 요일입니까?

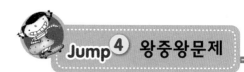
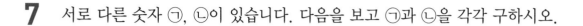
**7** 서로 다른 숫자 ㉠, ㉡이 있습니다. 다음을 보고 ㉠과 ㉡을 각각 구하시오.

> • ㉠< 4, ㉡< 5입니다.
> • 두 자리 수 ㉠㉡을 6으로 나누면 5가 남습니다.

**8** 58을 어떤 수로 나누면 몫이 9이고, 나머지는 4입니다. 83을 어떤 수로 나누었을 때의 몫과 나머지는 얼마입니까?

**9** 다음 식을 만족하는 두 수 ㉠과 ㉡의 합은 얼마입니까?

> ㉠×㉡=576
> ㉠÷㉡=9

**10** 다음 나눗셈에서 ㉠에 알맞은 숫자는 무엇입니까?

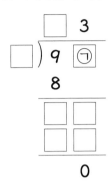

**11** 보기 와 같이 숫자 카드 $\boxed{6}$, $\boxed{7}$, $\boxed{9}$ 3장 중에서 2장으로 두 자리 수를 만들고, 그 수를 남은 숫자 카드의 수로 나눌 때, 나머지가 가장 큰 경우의 나머지는 얼마입니까?

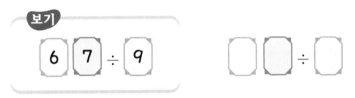

**12** 두 수 ㉮와 ㉯가 있습니다. ㉮를 ㉯로 나누면 몫이 6이고, 나머지가 5입니다. ㉮와 ㉯의 차가 45일 때, ㉮와 ㉯의 곱은 얼마입니까?

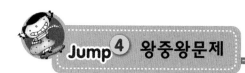

**13** 다음 숫자 카드 4장 중에서 2장을 사용하여 두 자리 수를 만듭니다. 만들 수 있는 수 중에서 3으로 나누어떨어지는 가장 큰 수를 ㉮, 5로 나누어떨어지는 가장 작은 수를 ㉯라고 할 때, ㉮와 ㉯의 합을 구하시오.

**14** 효근이는 굵기가 일정한 통나무를 8도막으로 자르는 데 1시간 24분이 걸렸습니다. 이 통나무를 5도막으로 자르는 데 걸리는 시간은 몇 분입니까? (단, 통나무를 한 번 자르는 데 걸리는 시간은 같습니다.)

**15** 1부터 7까지의 자연수를 한 번씩 사용하여 빈칸에 모두 넣으려고 합니다. 이때 가로 칸에 넣은 수들의 합은 세로 칸에 넣은 수들의 합의 2배입니다. ㉮에 들어갈 수 있는 수들의 합을 구하시오.

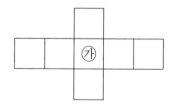

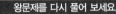
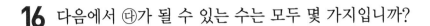
**16** 다음에서 ㉰가 될 수 있는 수는 모두 몇 가지입니까?

> • ㉮와 ㉯는 모두 9보다 크고 18보다 작은 자연수입니다.
>
> • ㉮<㉯이고, ㉮+㉯=㉰입니다.
>
> • ㉰는 3으로 나누어떨어집니다.

**17** 가영이네 학교 3학년 학생들이 합동 체육시간에 짝짓기놀이를 하였습니다. 2명, 3명, 4명, 6명, 8명씩 짝을 지었더니 남는 사람이 한 명도 없었습니다. 가영이네 학교 3학년 학생이 100명보다 많고 140명보다 적다면, 가영이네 학교 3학년 학생은 모두 몇 명입니까?

**18** 석기네 창고에 배가 몇 개 있습니다. 한 상자에 6개씩 넣어 포장을 하면 2개가 남게 되고, 한 상자에 7개씩 넣어 포장을 하면 1개가 남습니다. 배는 200개보다 많고 230개보다 적다고 할때 창고에 있는 배는 몇 개입니까?

**1** ㉠을 ㉡으로 나누었더니 몫이 9, 나머지는 2가 되었습니다. ㉠과 ㉡을 더한 값이 82라고 할 때, ㉠과 ㉡의 곱을 4로 나눈 몫을 구하시오.

**2** 다음 그림과 같이 사각형 ㄱㄴㄷㄹ의 각 꼭짓점에 1, 3, 5, 7, …의 수가 순서대로 쓰여 있습니다. 이때 559는 어느 꼭짓점에 위치하고 그 꼭짓점에서 몇 번째에 있는 수입니까?

…, 25, 17, 9, 1 ㄱ　　ㄹ 7, 15, 23, 31, …

…, 27, 19, 11, 3 ㄴ　　ㄷ 5, 13, 21, 29, …

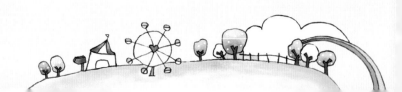

# ③ 원

1. 원의 중심, 반지름, 지름 알아보기
2. 원의 성질 알아보기
3. 컴퍼스를 이용하여 원 그리기
4. 원을 이용하여 여러 가지 모양 그리기

이야기 수학

✻ 원형의 신비

옛날에는 원이나 구(공 모양)는 특별한 종교적 의미를 지니고 있었습니다. 즉, 사람들은 원이나 구가 신이 베푼 가장 완전한 도형이라고 믿었답니다. 여러분은 만화에서 마녀가 수정으로 만든 마법의 구슬 앞에서 주문을 외고 있는 장면을 본 적이 있을 것입니다.

우리는 일상 생활 속에서 '원형의 신비'를 경험합니다. 예를 들면, 종이 위에 잉크를 떨어뜨리면 원형의 얼룩이 생기고 체온계가 깨져서 수은이 마루 위에 떨어지면 그 모양도 원형이 됩니다. 또, 기름이나 비누 방울을 칠한 곳에 떨어진 물방울도 원형이며 심지어 '원형 탈모증(머리카락의 일부가 둥글게 빠지는 형상)'의 모양도 원이랍니다.

### 🌑 원의 중심, 반지름, 지름 알아보기

• 원을 그릴 때에 누름못이 꽂혔던 점 ㅇ을 원의 중심이라 하고, 원의 중심 ㅇ과 원 위의 한 점을 이은 선분을 원의 반지름이라고 합니다.

• 원 위의 두 점을 이은 선분이 원의 중심 ㅇ을 지날 때, 이 선분을 원의 지름이라고 합니다.

• 한 원에는 반지름을 무수히 많이 그릴 수 있고, 모든 반지름의 길이는 같습니다.

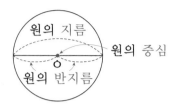

---

**1** □ 안에 알맞은 말을 써넣으시오.

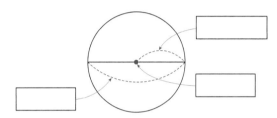

Jump 도우미

한 원에는 반지름이 무수히 많이 있고 원의 반지름은 모두 같습니다.

**2** 다음 원에서 원의 중심을 찾아 기호를 쓰시오.

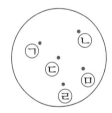

**3** 오른쪽 그림에서 원을 그릴 때마다 무엇이 달라졌습니까?

**4** 오른쪽 그림에서 원 위의 두 점을 이은 선분 중 지름은 어느 선분입니까?

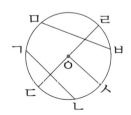

**핵심 응용** 그림에서 삼각형 ㄱㄴㄷ의 둘레는 몇 cm입니까?

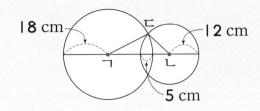

💡 삼각형의 세 변의 길이와 두 원의 반지름의 관계를 생각해 봅니다.

**풀이** 삼각형 ㄱㄴㄷ에서 선분 ㄱㄷ은 큰 원의 반지름이므로 18 cm이고 선분 ㄴㄷ은 작은

원의 반지름이므로 ☐ cm입니다.

선분 ㄱㄴ의 길이는 18+☐-5=☐ (cm)입니다.

따라서 삼각형 ㄱㄴㄷ의 둘레는 18+☐+☐=☐ (cm)입니다.

**답** _____

**확인 1** 오른쪽 그림과 같이 크기가 같은 두 개의 원을 그렸습니다. 두 원의 중심과 원이 만난 점을 이은 삼각형 ㄱㄴㄷ의 둘레가 18 cm일 때, 원의 반지름은 몇 cm입니까?

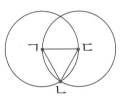

**확인 2** 오른쪽 그림은 4개의 원의 중심을 이어서 그린 사각형 ㄱㄴㄷㄹ입니다. 사각형 ㄱㄴㄷㄹ의 둘레는 몇 cm입니까?

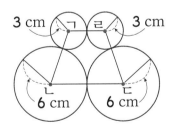

**확인 3** 그림과 같이 크기가 같은 원 8개를 서로 중심이 지나도록 겹쳐서 그렸습니다. 선분 ㄱㄴ의 길이가 81 cm라면, 원의 반지름은 몇 cm입니까?

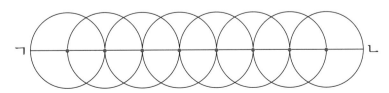

- 원의 중심을 지나는 선분 ㄱㄴ을 원의 지름이라고 합니다.
- 원의 지름은 원을 똑같이 둘로 나눕니다.
- 한 원에서 지름은 모두 같고, 셀 수 없이 많습니다.
- 원 안에서 그릴 수 있는 가장 긴 선분은 원의 중심을 지납니다.
- 한 원에서 지름은 반지름의 2배입니다.

**1** 그림을 보고 물음에 답하시오.

(1) 길이가 가장 긴 선분은 어느 것입니까?

(2) 원의 지름은 어느 것입니까?

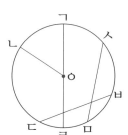

Jump 도우미

**2** 오른쪽 도형은 한 변이 8 cm인 정사각형 안에 가장 큰 원을 그린 것입니다. 이 원의 지름은 몇 cm입니까?

**3** 오른쪽 그림에서 작은 원의 지름이 각각 10 cm이면, 큰 원의 지름은 몇 cm입니까?

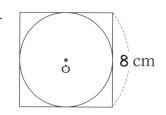

③ 큰 원의 지름의 길이는 작은 원의 지름의 길이의 몇 배인지 생각해 봅니다.

**4** 오른쪽 직사각형 안에 원의 중심이 선분 ㄱㄴ 위에 있고 지름이 6 cm인 원을 겹치지 않게 그리면, 최대 몇 개까지 그릴 수 있습니까?

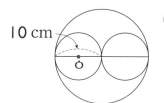

④ 선분 ㄱㄴ의 길이는 그리려는 원의 지름의 몇 배가 되는지 알아봅니다.

 **핵심 응용**

100원짜리 동전의 지름은 24 mm이고 50원짜리 동전의 지름은 20 mm입니다. 오른쪽 그림과 같이 모양을 만들었을 때, 직사각형 ㄱㄴㄷㄹ의 네 변의 길이의 합은 몇 cm입니까?

 동전의 지름의 길이와 직사각형 네 변의 길이의 관계를 알아봅니다.

**풀이** 변 ㄱㄴ의 길이는 100원짜리 동전 2개의 지름의 합과 같으므로

☐ × 2 = ☐ (mm)입니다. 변 ㄱㄹ의 길이는 100원짜리 동전 3개의 지름의 합과 50원짜리 동전 2개의 지름의 합과 같으므로

☐ × 3 + ☐ × 2 = ☐ (mm)입니다.

따라서 직사각형 ㄱㄴㄷㄹ의 네 변의 길이의 합은

☐ × 2 + ☐ × 2 = ☐ (mm)이므로 ☐ cm입니다.

**답** _____

 **1** 오른쪽 그림은 지름이 6 cm인 원 7개를 맞닿게 그린 것입니다. 굵은 선의 길이는 몇 cm입니까?

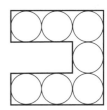

 **2** 오른쪽 그림과 같은 상자에 크기가 같은 야구공 20개가 꼭맞게 들어 있습니다. 이 상자의 가로는 몇 cm입니까?

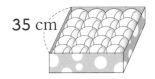

35 cm

 **3** 오른쪽 그림에서 정사각형 ㄱㄴㄷㄹ의 네 변의 길이의 합이 96 cm라면, 가장 작은 원의 지름은 몇 cm입니까?

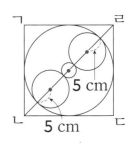

5 cm

5 cm

● **컴퍼스를 이용하여 반지름이 2 cm인 원 그리기**

| | | |
|---|---|---|
| 원의 중심이 되는 점 ㅇ을 정합니다. | 컴퍼스를 원의 반지름이 되도록 벌립니다. | 컴퍼스의 침을 점 ㅇ에 꽂고 원을 그립니다. |

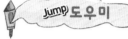

**1** 자와 컴퍼스를 이용하여 점 ㅇ을 중심으로 지름이 2 cm인 원을 그리시오.

**Jump 도우미**

① 컴퍼스를 이용하여 원을 그릴 때, 원의 반지름을 알아야 합니다.

**2** 오른쪽 모눈종이에 각각의 점을 원의 중심으로 하여 반지름이 1 cm인 원을 그려 보시오.

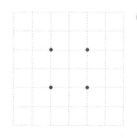

② 컴퍼스의 침과 연필 끝 사이를 1 cm만큼 벌립니다.

**3** 컴퍼스를 이용하여 반지름이 10 cm인 원을 그리려고 할 때, 컴퍼스의 침과 연필 끝 사이의 거리는 몇 cm 벌려야 합니까?

**4** 컴퍼스를 이용하여 왼쪽과 같은 무늬를 그리고 원의 중심은 모두 몇 개인지 쓰시오.

원의 중심 ( )개

핵심 응용   자와 컴퍼스를 이용하여 다양한 무늬를 그린 것입니다. 원의 중심이 가장 많은 것을 찾아 기호를 쓰시오.

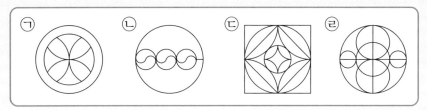

 원의 중심을 각각 찾아봅니다.

풀이   ㉠의 원의 중심은 ☐ 개입니다.    ㉡의 원의 중심은 ☐ 개입니다.

㉢의 원의 중심은 ☐ 개입니다.    ㉣의 원의 중심은 ☐ 개입니다.

따라서 원의 중심이 가장 많은 것은 ☐ 입니다.

답 _____

 1   오른쪽 그림과 같이 태극기의 태극 무늬를 그릴 때, 컴퍼스의 침을 꽂아야 할 곳의 번호를 모두 쓰시오.

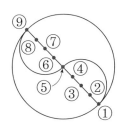

 2   원의 중심을 옮겨가며 원의 반지름이 같게 그린 것을 모두 찾아 기호를 쓰시오.

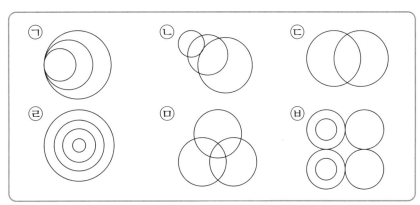

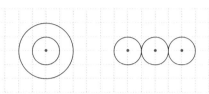

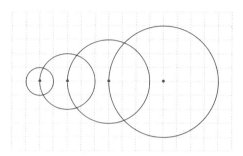

규칙 1. 왼쪽 모양은 원의 중심은 같고 반지름이 늘어나는 규칙이 있습니다.
     2. 오른쪽 모양은 원의 반지름이 같은 원들이 서로 맞닿도록 원의 중심을 옮겨가는 규칙이 있습니다.

규칙 1. 원의 반지름이 1칸씩 늘어납니다.
     2. 모든 원의 중심이 한 직선 위에 놓이도록 그렸습니다.

🌱 그림을 보고 물음에 답하시오. [1~2]

 Jump 도우미

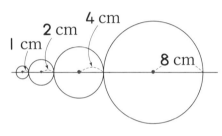

**1** 어떤 규칙이 있는지 설명해 보시오.


**2** 규칙에 따라 오른쪽에 원을 1개 더 그린다면, 원의 반지름은 몇 cm로 그려야 합니까?


**3** 그림을 보고 어떤 규칙이 있는지 설명해 보시오.

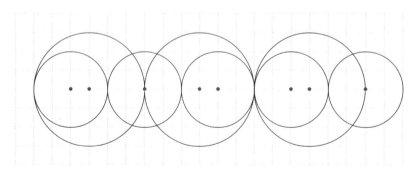

## Jump 2  핵심응용하기

 **핵심 응용**  오른쪽 그림과 같이 반지름이 56 cm인 원의 지름 위에 크기가 같은 여섯 개의 작은 원을 그렸습니다. 작은 원의 지름은 몇 cm입니까?

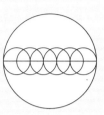

  지름은 반지름의 2배입니다.

**풀이**  큰 원의 반지름은 56 cm이므로 큰 원의 지름은 56 × ☐ = ☐ (cm)입니다.

큰 원 안에 작은 원의 반지름이 ☐ 개 있으므로 작은 원의 반지름은

☐ ÷ ☐ = ☐ (cm)입니다.

따라서 작은 원의 지름은 ☐ × 2 = ☐ (cm)입니다.

**답** _____

 **확인 1**  크기가 다른 두 개의 원을 맞닿게 그렸을 때, 선분 ㉮의 길이가 12 cm입니다. 같은 방법으로 원을 12개 그렸을 때, 선분 ㄱㄴ의 길이는 몇 cm입니까?

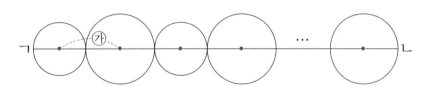

 오른쪽 그림을 보고 물음에 답하시오. [2~3]

 **확인 2**  어떤 규칙이 있는지 설명하시오.

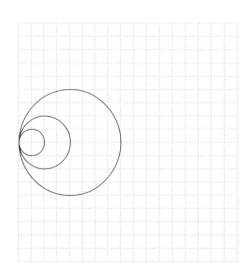

 **확인 3**  규칙에 따라 원을 1개 더 그려 보시오.

**1** 컴퍼스를 사용하여 오른쪽 그림을 그리려고 할 때, 원의 중심은 모두 몇 개 사용해야 합니까?

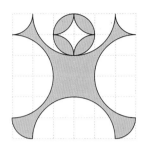

다음 그림에서 붉은색 원과 삼각형의 변의 길이가 보기와 같을 때 빈칸에 알맞은 수를 써넣으시오. [2~3]

보기

60 cm    60 cm  100 cm    80 cm

**2**

**3**

cm    cm    cm

cm

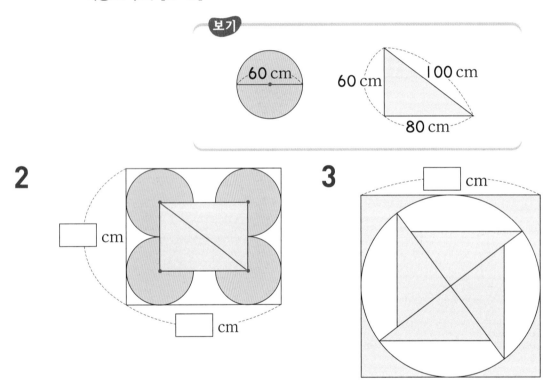

**4** 오른쪽 그림에서 큰 원의 지름은 몇 cm입니까?

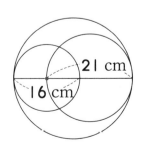

21 cm    16 cm

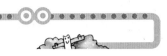

**5** 오른쪽 그림에서 가장 큰 원의 반지름이 24 cm입니다. 가장 작은 원의 반지름은 몇 cm입니까?

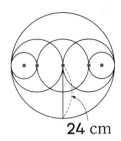

24 cm

**6** 오른쪽 그림에서 사각형 ㄱㄴㄷㄹ의 네 변의 길이의 합은 몇 cm입니까?

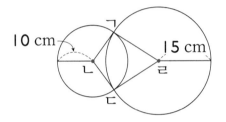

10 cm

15 cm

ㄱ

ㄴ

ㄷ

ㄹ

**7** 오른쪽 그림과 같이 같은 점을 원의 중심으로 하여 반지름을 5 cm씩 늘려가며 원을 그렸습니다. 가장 큰 원의 지름이 48 cm일 때, 가장 작은 원의 반지름은 몇 cm입니까?

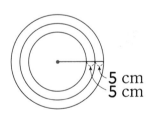

5 cm
5 cm

**8** 오른쪽 그림에서 두 원의 중심은 같고 큰 원의 지름은 작은 원의 지름의 4배입니다. 큰 원의 반지름과 작은 원의 반지름의 차는 몇 cm입니까?

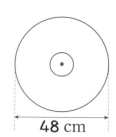

48 cm

**9** 오른쪽 그림과 같이 한 변의 길이가 48 cm인 정사각형 안에 반지름이 3 cm인 원을 겹치지 않게 그릴 때, 최대 몇 개까지 그릴 수 있습니까?

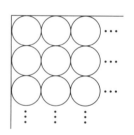

**10** 오른쪽 그림은 가로가 14 cm, 세로가 11 cm인 직사각형의 꼭짓점 ㄱ, ㄴ, ㄷ, ㄹ을 원의 중심으로 하여 원의 일부를 그린 것입니다. 선분 ㄷㅅ의 길이는 몇 cm입니까?

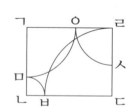

**11** 그림은 반지름이 5 cm인 원을 서로 중심이 지나도록 겹쳐서 그린 것입니다. 그린 원은 모두 몇 개입니까?

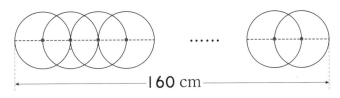

**12** 오른쪽 그림에서 원 ㉮의 반지름은 원 ㉯의 반지름의 3배이고 원 ㉰의 반지름은 원 ㉯의 반지름의 2배입니다. 원 ㉯의 반지름이 25 mm일 때, 삼각형 ㄱㄴㄷ의 세 변의 길이의 합은 몇 cm입니까?

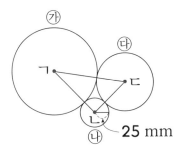

**13** 오른쪽 그림에서 정사각형의 둘레는 80 cm이고 삼각형 ㄱㄴㄷ의 둘레는 32 cm입니다. 변 ㄱㄴ과 변 ㄱㄷ의 길이가 같을 때, 변 ㄱㄷ의 길이는 몇 cm입니까? (단, 세 원의 크기는 모두 같고 점 ㄱ, ㄴ, ㄷ은 원의 중심입니다.)

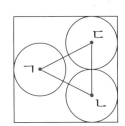

**14** 오른쪽 그림을 그리려고 할 때, 원의 중심은 모두 몇 개 사용해야 합니까?

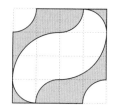

**15** 오른쪽 그림에서 크기가 같은 작은 두 원의 지름은 각각 18 cm이고 삼각형 ㄱㄴㄷ의 세 변의 길이의 합은 62 cm 입니다. 큰 원의 지름은 몇 cm입니까?

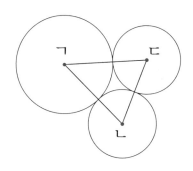

**16** 바깥쪽 원의 지름이 10 cm, 안쪽 원의 지름이 7 cm인 둥근 고리 3개를 오른쪽 그림과 같이 연결하였습니다. 전체의 길이는 최대 몇 cm입니까?

**17** 컴퍼스를 사용하여 왼쪽과 같은 무늬를 그리고 원의 중심은 몇 개인지 쓰시오.

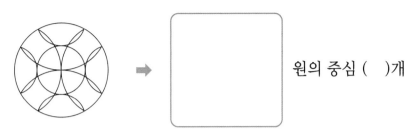

원의 중심 (  )개

**18** 오른쪽 그림과 같이 크기가 다른 원 2개를 겹쳐 놓았습니다. 큰 원의 반지름이 작은 원의 반지름의 2배이고 사각형 ㄱㄴㄷㄹ의 네 변의 길이의 합이 30 cm일 때, 작은 원의 반지름은 몇 cm입니까?

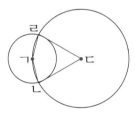

**19** 오른쪽 그림과 같이 직사각형 안에 크기가 같은 두 원의 일부를 그렸습니다. 점 ㄱ과 점 ㄷ이 원의 중심이라면, 삼각형 ㄱㄴㄷ의 세 변의 길이의 합은 몇 cm입니까?

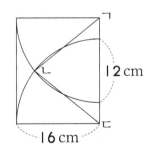

12 cm

16 cm

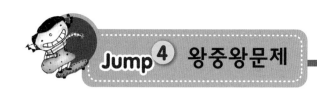 

**1** 오른쪽 그림은 지름이 **8** cm인 원을 맞닿게 그린 것입니다. **12**개의 원의 중심을 이은 사각형 ㄱㄴㄷㄹ의 둘레는 몇 cm 입니까?

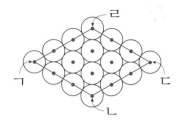

**2** 크기가 같은 원 **10**개를 일정한 부분만큼 겹치게 하여 늘어놓았습니다. 원의 반지름이 **8** cm일 때, 겹치는 부분 ㉮의 길이는 몇 cm입니까? (단, ㉮는 원의 중심과 중심을 이은 선분 위에 있습니다.)

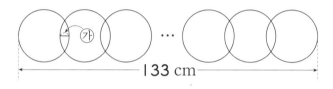

**3** 오른쪽 그림과 같이 반지름이 **3** cm인 원을 여러 개 붙여서 바깥에 있는 원의 중심을 이어 정사각형을 만들었습니다. 정사각형의 네 변의 길이의 합이 **192** cm가 되게 하려면, 원은 모두 몇 개 필요합니까?

 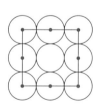

**4** 오른쪽 그림과 같이 반지름이 15 cm인 원 안에 정육각형[여섯 변의 길이가 모두 같은 도형]을 그리고 원 바깥에 정사각형을 그렸습니다. 정육각형과 정사각형의 둘레의 차는 몇 cm입니까? (단, 정육각형에 있는 삼각형의 세 변의 길이는 모두 같습니다.)

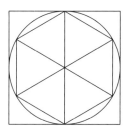

**5** 왼쪽 그림과 같은 모양을 컴퍼스를 사용하여 오른쪽에 그려 보고, 원의 중심은 모두 몇 개인지 쓰시오.

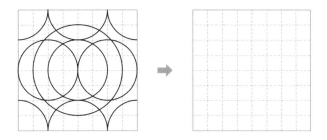

**6** 세 개의 원의 중심을 이어서 삼각형을 만들었습니다. 삼각형 ㄱㄴㄷ의 세 변의 길이의 합은 몇 cm입니까?

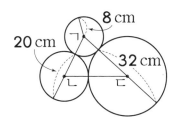

**7** 오른쪽 그림과 같이 지름이 100 cm인 큰 원 안에 지름이 2 cm씩 커지는 원을 그려 나가려고 합니다. 가장 큰 원 안에 작은 원의 중심이 선분 ㄱㄴ을 따라 겹치지 않게 그려 나갈 때, 작은 원은 최대 몇 개가 그려집니까? (단, 선분 ㄱㄴ은 가장 큰 원의 지름이고, 가장 작은 원의 지름은 1 cm입니다.)

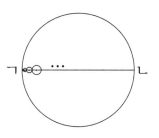

**8** 오른쪽 그림과 같이 원의 중심을 옮기지 않고 규칙적으로 원의 반지름을 다르게 하여 원을 그려 나갈 때, 10번째에 그려지는 원의 지름은 몇 cm입니까?

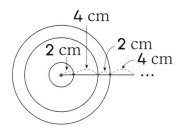

**9** 오른쪽 그림과 같이 원의 중심이 같은 선분 위에 있고 원 ㉮는 정사각형 안에 꼭 맞게 있습니다. 지름이 원 ㉮는 원 ㉯의 두 배, 원 ㉯는 원 ㉰의 두 배입니다. 원 ㉰의 반지름이 5 cm일 때, 정사각형의 둘레는 몇 cm입니까?

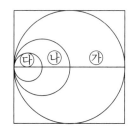

**10** 오른쪽 그림과 같이 안쪽 반지름이 **8** cm이고, 두께가 **2** cm인 고리 **25**개를 연결했을 때, 그 길이가 가장 긴 경우는 몇 cm입니까?

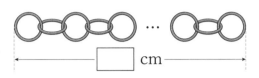

**11** 반지름이 **2** cm인 원을 다음과 같이 여러 개 그려서 바깥쪽에 있는 원의 중심을 이어 만든 삼각형의 세 변의 길이의 합이 **60** cm가 되게 하려고 합니다. 원은 모두 몇 개 그려야 합니까?

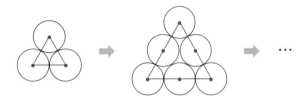

**12** 자와 컴퍼스를 사용하여 오른쪽 그림을 그리려 할 때, 원의 중심은 최소한 몇 개를 사용해야 합니까?

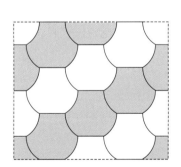

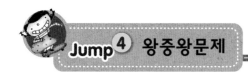
**13** 오른쪽 그림은 선분 ㄱㄴ과 선분 ㄱㄷ의 길이가 같고 둘레가 29 cm인 삼각형 ㄱㄴㄷ의 각 꼭짓점을 원의 중심으로하여 원의 일부를 그린 것입니다. 이때, 선분 ㄴㅁ의 길이는 몇 cm입니까?

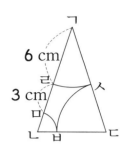

**14** 오른쪽 그림과 같이 반지름이 60 cm인 큰 원 안에 크기가 같은 원을 중심이 서로 겹치도록 그렸습니다. 큰 원 안에 그린 작은 원의 개수가 14개일 때, 작은 원의 지름은 몇 cm입니까? (단, 선분 ㄱㄴ은 큰 원의 지름입니다.)

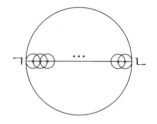

**15** 자와 컴퍼스를 사용하여 오른쪽 무늬 모양을 그리려고 합니다. 원의 중심은 최소한 몇 개를 사용해야 합니까?

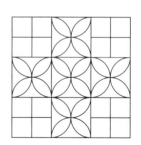

| 80점 이상 | ▶ | 영재교육원 문제를 풀어 보세요. |
|---|---|---|
| 60점 이상~80점 미만 | ▶ | 틀린 문제를 다시 확인 하세요. |
| 60점 미만 | ▶ | 왕문제를 다시 풀어 보세요. |

**16** 다음 그림과 같이 바깥쪽의 지름이 14 cm이고 안쪽의 지름이 12 cm인 큰 고리와, 바깥쪽 지름이 12 cm이고 안쪽의 지름이 10 cm인 작은 고리를 규칙적으로 이어 목걸이를 만들었습니다. 고리를 37개 사용하면 목걸이의 길이는 최대 몇 cm입니까?

**17** 오른쪽 그림은 한 변이 3 cm인 정사각형의 각 꼭짓점을 중심으로 원을 4등분 한 것 중의 하나를 그린 것입니다. 선분 ㄱㅁ의 길이는 몇 cm입니까?

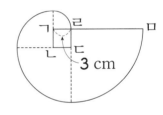

**18** 오른쪽 그림은 앞에 위치한 원의 반지름의 2배씩을 반지름으로 하여 원을 맞닿게 그려 나간 것입니다. 즉 원 ①의 반지름은 1 cm, 원 ②의 반지름은 2 cm, 원 ③의 반지름은 4 cm, …이고, 점 ㄱ에서 원 ①의 중심까지의 거리가 3 cm일 때, 점 ㄱ에서 원 ⑤의 중심까지의 거리는 몇 cm입니까?

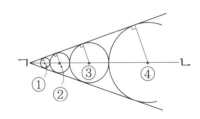

**1** 원 위에 직선을 1개 그으면 원은 최대 두 조각으로 나누어지고, 2개 그으면 최대 4조각으로 나누어집니다. 직선을 5개 그으면, 최대 몇 조각으로 나누어집니까?

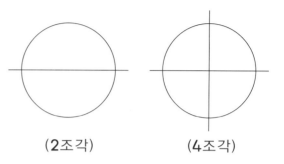

(2조각)　　(4조각)

**2** 다음 그림과 같이 반지름이 25 cm인 원을 2등분 한 종이가 있습니다. 이 종이를 ①의 위치에서 ②의 위치까지 한 바퀴 굴렸을 때, 원의 중심인 점 ㅇ이 움직인 거리는 몇 cm입니까? (단, 원의 둘레는 원의 지름의 3배입니다.)

25 cm

# 4 분수

이야기 수학
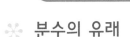

❋ 분수의 유래

티그리스 강과 유프라테스 강 유역의 메소포타미아 문명, 나일 강 유역의 이집트 문명, 인도 인더스 강 유역의 인더스 문명, 중국 황하 유역의 황하 문명을 세계 4대 문명이라고 합니다.

이들 4대 문명의 공통점은 기후가 따뜻하고 큰 강이 흐르는 지역에서 일어났다는 것입니다. 큰 강이 흐르고 있는 지역은 비가 오면 홍수를 일으키는 한편, 상류로부터 기름진 흙을 실어다 주변에 퍼뜨려줌으로써 토질이 비옥해져 농사를 잘 지을 수 있었고 농사가 잘되면 식량이 풍부해지고 생활에 여유가 생겨 다양한 문화가 꽃필 수 있었습니다.

그런데 나일 강은 정기적으로 강이 범람하므로 홍수에 대한 피해를 막기 위하여 통치자는 이것을 정확히 예견할 필요성이 있었습니다. 이로 인하여 정기적인 변화를 나타내는 하늘에 대한 연구로 분수를 만들어 냈는 데 대표적으로 수천년 전의 이집트인은 이미 1년이 $365\frac{1}{4}$ 일 이라는 사실을 알고 있었다고 합니다. 또 당시의 통치자는 홍수의 피해 정도에 맞추어 세금을 조절했는데 이로 인하여 수의 계산 기술도 상당히 진보되었다고 합니다.

🏀 사과 10개를 똑같이 나누고 분수로 나타내기

- 사과 10개를 2개씩 묶으면 5묶음이 됩니다.
- 10을 2씩 묶으면 2는 5묶음 중 1묶음입니다. ➡ 2는 10의 $\frac{1}{5}$
- 10을 2씩 묶으면 4는 5묶음 중 2묶음입니다. ➡ 4는 10의 $\frac{2}{5}$
- 10을 2씩 묶으면 6은 5묶음 중 3묶음입니다. ➡ 6은 10의 $\frac{3}{5}$

**1** 그림을 보고 □ 안에 알맞은 수를 써넣으시오.

(1) 16을 4씩 묶으면 4는 16의 $\dfrac{\square}{\square}$입니다.

(2) 16을 2씩 묶으면 6은 16의 $\dfrac{\square}{\square}$입니다.

**2** □ 안에 알맞은 수를 써넣으시오.

(1) 18을 2씩 묶으면 4는 18의 $\dfrac{\square}{\square}$입니다.

(2) 21을 3씩 묶으면 15는 21의 $\dfrac{\square}{\square}$입니다.

**3** 공책 12권을 4권씩 묶었습니다. 공책 4권은 12권의 얼마인지 분수로 나타내어 보시오.

**4** 구슬 35개를 한 상자에 7개씩 넣었습니다. 3상자에 들어 있는 구슬은 전체 구슬의 몇 분의 몇입니까?

Jump 도우미

① 16개를 똑같이 4개씩, 2개씩 각각 묶어 봅니다.

③ 12권을 4권씩 묶어 봅니다.

☆

핵심 응용 가영이는 사탕을 90개 가지고 있습니다. 이 사탕을 1명보다 많고 10명보다 적은 친구들에게 똑같이 나누어 주려고 할 때, 나누어 줄 수 있는 사람 수를 모두 찾고 한 명이 갖는 사탕 수를 분수로 나타내시오.

생각 열기 90개를 나머지 없이 똑같이 나누는 방법을 알아봅니다.

풀이 ① 90을 45씩 묶으면 ☐ 묶음이 됩니다. ➡ 45는 90의 $\dfrac{1}{\Box}$

② 90을 30씩 묶으면 ☐ 묶음이 됩니다. ➡ 30은 90의 $\dfrac{1}{\Box}$

③ 90을 18씩 묶으면 ☐ 묶음이 됩니다. ➡ 18은 90의 $\dfrac{1}{\Box}$

④ 90을 15씩 묶으면 ☐ 묶음이 됩니다. ➡ 15는 90의 $\dfrac{1}{\Box}$

⑤ 90을 10씩 묶으면 ☐ 묶음이 됩니다. ➡ 10은 90의 $\dfrac{1}{\Box}$

따라서 똑같이 나누어 줄 수 있는 사람 수는 ☐명, ☐명, ☐명, ☐명, ☐명이고 이 때 한 명이 갖는 사탕 수를 분수로 나타내면 $\dfrac{1}{\Box}, \dfrac{1}{\Box}, \dfrac{1}{\Box}, \dfrac{1}{\Box}, \dfrac{1}{\Box}$ 입니다.

답 _____

 확인 1 ☐ 안에 알맞은 수를 써넣으시오.

(1) 2는 6의 $\dfrac{2}{\Box}$ 또는 $\dfrac{1}{\Box}$ 입니다.

(2) 8은 16의 $\dfrac{8}{\Box}, \dfrac{4}{\Box}, \dfrac{2}{\Box}, \dfrac{1}{\Box}$ 입니다.

 확인 2 밤이 36개 있었는데 이 중에서 전체의 $\dfrac{5}{12}$ 를 먹었습니다. 남은 밤은 먹은 밤의 개수보다 몇 개 더 많습니까?

 18의 $\frac{2}{3}$는 얼마인지 알아보기

- 사탕 18개를 똑같이 3묶음으로 나눈 것 중 1묶음은 6개입니다.

  ➡ 18의 $\frac{1}{3}$은 6입니다.

- 사탕 18개를 똑같이 3묶음으로 나눈 것 중 2묶음은 12개입니다.

  ➡ 18의 $\frac{2}{3}$는 12입니다.

**1** 그림을 7묶음으로 나누고 □ 안에 알맞은 수를 써넣으시오.

(1) 21의 $\frac{1}{7}$은 □ 입니다.　(2) 21의 $\frac{4}{7}$는 □ 입니다.

**2** □ 안에 알맞은 수를 써넣으시오.

(1) 16의 $\frac{1}{8}$은 □ 입니다.　(2) 27의 $\frac{2}{3}$는 □ 입니다.

(3) 20의 $\frac{4}{5}$는 □ 입니다.　(4) 36의 $\frac{5}{6}$는 □ 입니다.

**3** 용희는 연필을 24자루 가지고 있습니다. 가지고 있는 연필의 $\frac{1}{4}$을 동생에게 주려고 합니다. 용희는 동생에게 연필을 몇 자루 주어야 합니까?

**4** 상연이는 사온 딸기 30개 중에서 $\frac{3}{5}$을 먹었습니다. 먹고 남은 딸기는 몇 개입니까?

**Jump 도우미**

**1** 21개를 똑같이 7묶음으로 나누면 한 묶음은 몇 개인지 알아봅니다.

**3** 24를 똑같이 4묶음으로 나눈 것 중의 1묶음입니다.

핵심 응용   예슬이 아버지는 어제 사과를 80개 사 오셨습니다. 오늘 이 사과 전체의 $\frac{1}{4}$은 할머니 댁에 보내고, 전체의 $\frac{1}{5}$은 큰아버지 댁에 보냈습니다. 나머지 사과 중 $\frac{1}{4}$은 삼촌 댁에 보냈다면 예슬이네 집에 남아 있는 사과는 몇 개입니까?

 각각의 분수에 해당하는 사과의 수를 알아봅니다.

풀이   할머니 댁에 보낸 사과의 수 : ☐개의 $\frac{1}{4}$ = ☐(개)

큰아버지 댁에 보낸 사과의 수 : ☐개의 $\frac{1}{5}$ = ☐(개)

삼촌 댁에 보낸 사과의 수 : ☐개의 $\frac{1}{4}$ = ☐(개)

예슬이네 집에 남아 있는 사과의 수 :

80 − (☐ + ☐ + ☐) = ☐(개)

답 _____

**1** 효근이는 가지고 있던 사탕 24개 중에서 $\frac{4}{6}$를 친구들에게 나누어 주었습니다. 남은 사탕은 몇 개입니까?

**2** 사탕 36개 중에서 영수는 $\frac{4}{9}$를 갖고 지혜는 영수가 갖고 남은 사탕 중에서 $\frac{3}{4}$을 가졌습니다. 지혜가 가진 사탕은 몇 개입니까?

**3** 영수네 반 학생 24명을 대상으로 가장 좋아하는 운동에 대해 조사를 하였습니다. 농구를 좋아하는 학생은 전체의 $\frac{1}{4}$, 야구를 좋아하는 학생은 전체의 $\frac{1}{3}$, 배구를 좋아하는 학생은 전체의 $\frac{1}{6}$, 나머지는 모두 축구를 좋아한다고 합니다. 축구를 좋아하는 학생은 몇 명입니까?

🏀 **진분수, 가분수, 자연수 알아보기**

- $\frac{1}{4}$, $\frac{2}{4}$, $\frac{3}{4}$과 같이 분자가 분모보다 작은 분수를 진분수라고 합니다.

- $\frac{4}{4}$, $\frac{5}{4}$, $\frac{6}{4}$과 같이 분자가 분모와 같거나 분모보다 큰 분수를 가분수라고 합니다.

- $\frac{4}{4}$는 1과 같습니다. 1, 2, 3과 같은 수를 자연수라고 합니다.

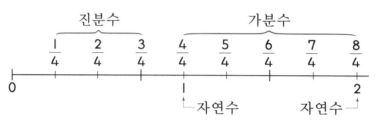

**1** 분수를 보고 물음에 답하시오.

$$\frac{2}{4},\ 3\frac{4}{5},\ \frac{13}{6},\ \frac{6}{7},\ 14\frac{1}{3},\ \frac{9}{8},\ \frac{5}{5}$$

(1) 진분수를 모두 찾아 쓰시오.
(2) 가분수를 모두 찾아 쓰시오.

> **Jump 도우미**
>
> • $\frac{1}{4}$짜리 4개를 $\frac{4}{4}$, $\frac{1}{4}$짜리 5개를 $\frac{5}{4}$라고 나타냅니다.

**2** 주어진 4장의 숫자 카드 중에서 2장을 골라 만들 수 있는 가분수 중에서 2보다 큰 가분수를 쓰시오.

③  ⑦  ⑤  ④

**3** 분모와 분자의 합이 15인 진분수와 가분수를 모두 만들 때 진분수와 가분수의 개수의 차를 구하시오. (단, 분모는 1보다 큽니다.)

③ 분자가 1인 분수부터 차례로 써서 확인합니다.

**4** 3보다 작은 분수중에서 분모가 4인 가분수는 모두 몇 개입니까?

 어떤 가분수의 분모와 분자의 합은 **28**이고 분자는 분모의 **3**배라고 합니다. 이 가분수를 구하시오.

 가분수는 분자가 분모와 같거나 분모보다 큰 분수입니다.

**풀이** 그림과 같이 분모는 28의 $\dfrac{1}{\square}$이므로 $\square$이고 분자는 분모의 3배이므로

$\square \times 3 = \square$입니다.

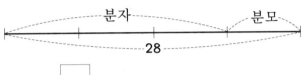

따라서 구하는 가분수는 $\dfrac{\square}{\square}$입니다.

**답** _____

 **1** 어떤 진분수의 분모와 분자의 합은 **7**이고 차는 **1**이라고 합니다. 이 진분수를 구하시오.

 **2** 자연수 가, 나가 다음을 만족할 때, $\dfrac{가}{나}$가 가분수인 경우는 모두 몇 가지입니까?

$$2 < 가 < 7, \ 3 < 나 < 8$$

 **3** 가분수 $\dfrac{\text{ⓒ}}{\text{㉠}}$에서 ㉠+ⓒ=35, ㉠×3+3=ⓒ일 때 가분수 $\dfrac{\text{ⓒ}}{\text{㉠}}$을 구하시오.

### ◈ 대분수

• 1과 $\dfrac{3}{4}$ 은 1 $\dfrac{3}{4}$ 이라 쓰고, 1과 4분의 3이라고 읽습니다.

• 1 $\dfrac{3}{4}$ 과 같이 자연수와 진분수로 이루어진 분수를 대분수라고 합니다.

### ◈ 대분수를 가분수로 나타내기

• 분모는 같고, 분자는 대분수의 자연수와 분모의 곱에 대분수의 분자를 더합니다.

$$2\dfrac{5}{8} = \dfrac{2\times 8 + 5}{8} = \dfrac{21}{8}$$

### ◈ 가분수를 대분수로 나타내기

• 분모는 같고, 자연수 부분은 가분수의 분자를 분모로 나눈 몫, 분자는 가분수의 분자를 분모로 나눈 나머지입니다.

$$\dfrac{13}{5} = 2\dfrac{3}{5} \quad (13\div 5 = 2\cdots 3)$$

---

**1** □ 안에 알맞은 수를 써넣으시오.

(1) $3\dfrac{2}{5} = \dfrac{3\times \square + \square}{5} = \dfrac{\square}{5}$

(2) $\dfrac{26}{8} = \square\dfrac{\square}{8}\ (26\div\square = 3\cdots\square)$

**2** 대분수는 가분수로, 가분수는 대분수로 나타내시오.

(1) $\dfrac{11}{6}$ ➡ (       )    (2) $\dfrac{15}{2}$ ➡ (       )

(3) $3\dfrac{7}{9}$ ➡ (       )    (4) $4\dfrac{3}{7}$ ➡ (       )

**3** $2\dfrac{5}{4}$ 가 대분수가 <u>아닌</u> 이유를 설명해 보시오.

| 이유 |
| --- |

**4** 예슬이의 책가방의 무게는 $\dfrac{15}{8}$ kg입니다. 예슬이의 책가방의 무게를 대분수로 나타내어 보시오.

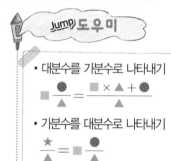

**Jump 도우미**

• 대분수를 가분수로 나타내기

$\blacksquare\dfrac{\bullet}{\blacktriangle} = \dfrac{\blacksquare\times\blacktriangle + \bullet}{\blacktriangle}$

• 가분수를 대분수로 나타내기

$\dfrac{\bigstar}{\blacktriangle} = \blacksquare\dfrac{\bullet}{\blacktriangle}$

$(\bigstar\div\blacktriangle = \blacksquare\cdots\bullet)$

 핵심 응용 주어진 **4**장의 숫자 카드 중에서 **3**장을 뽑아 만들 수 있는 대분수는 모두 몇 개입니까?

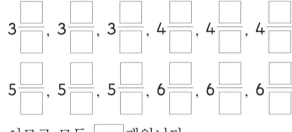

생각 열기 대분수는 자연수와 진분수로 이루어진 분수입니다.

풀이 자연수 부분이 **3, 4, 5, 6**인 대분수를 차례로 써보면

$3\dfrac{\square}{\square}$, $3\dfrac{\square}{\square}$, $3\dfrac{\square}{\square}$, $4\dfrac{\square}{\square}$, $4\dfrac{\square}{\square}$, $4\dfrac{\square}{\square}$

$5\dfrac{\square}{\square}$, $5\dfrac{\square}{\square}$, $5\dfrac{\square}{\square}$, $6\dfrac{\square}{\square}$, $6\dfrac{\square}{\square}$, $6\dfrac{\square}{\square}$

이므로 모두 $\square$ 개입니다.

 답 _____

 **1** 상연이는 똑같은 크기의 사과 **4**개 중에서 **3**개를 먹고, 한 개는 똑같이 **4**조각으로 나눈 것 중에서 **1**조각을 먹었습니다. 상연이가 먹은 사과는 모두 몇 개인지 대분수로 나타내시오.

 **2** 예슬이네 집에서 학교까지의 거리는 $\dfrac{3}{4}$ km입니다. 예슬이가 월요일부터 금요일까지 **5**일 동안 학교에 갔다가 집에 돌아온 거리의 합은 몇 km인지 대분수로 나타내시오.

 **3** ㉠이 **10**보다 크고 **40**보다 작은 어떤 자연수일 때, ㉡이 될 수 있는 자연수는 모두 몇 개인지 구하시오.

$$\dfrac{㉠}{7} = ㉡\dfrac{4}{7}$$

⚜ **분모가 같은 가분수의 크기 비교**

• 분자가 클수록 큰 분수입니다.

$$\frac{7}{5} < \frac{9}{5}$$

⚜ **분모가 같은 대분수의 크기 비교**

• 자연수 부분이 다른 경우 자연수 부분이 클수록 큰 분수입니다.

$$3\frac{2}{5} > 1\frac{4}{5}$$

• 자연수 부분이 같은 경우 분자가 클수록 큰 분수입니다.

$$3\frac{1}{5} < 3\frac{3}{5}$$

⚜ **가분수와 대분수의 크기 비교**

• 대분수를 가분수로 만든 후 분자의 크기를 비교합니다.

$$3\frac{3}{4} > \frac{11}{4} \iff \frac{15}{4} > \frac{11}{4}$$

• 가분수를 대분수로 만든후 자연수 부분과 분자의 크기를 비교합니다.

$$3\frac{3}{4} > \frac{11}{4} \iff 3\frac{3}{4} > 2\frac{3}{4}$$

**1** 가장 큰 분수부터 차례대로 쓰시오.

$$\frac{14}{8}, \quad \frac{9}{8}, \quad 1\frac{3}{8}, \quad 2\frac{1}{8}$$

**2** 예슬이와 석기가 도움 닫아 멀리뛰기를 하였습니다. 예슬이는 $1\frac{4}{5}$ m, 석기는 $2\frac{1}{5}$ m를 뛰었습니다. 누가 더 멀리 뛰었습니까?

⓶ 분모가 같은 대분수에서 자연수 부분이 다를 때에는 자연수 부분이 클수록 큰 분수입니다.

**3** 5보다 작은 분수 중 분모가 5인 대분수는 몇 개입니까?

**4** ☐ 안에 들어갈 수 있는 자연수를 모두 구하시오.

$$\frac{14}{6} < \square\frac{3}{6} < \frac{25}{6}$$

핵심 응용

신영, 효근, 동민이는 달리기를 하였습니다. 신영이는 $1\frac{3}{8}$ km, 효근이는 $1$ km, 동민이는 $\frac{9}{8}$ km를 달렸습니다. 가장 멀리 달린 사람부터 차례대로 이름을 쓰시오.

 $1$ km를 분모가 8인 분수로 나타내면 얼마인지 생각해 봅니다.

풀이 신영이가 달린 거리는 $1\frac{3}{8}$ km = $\frac{\square}{8}$ km, 효근이가 달린 거리는

$1$ km = $\frac{\square}{8}$ km, 동민이가 달린 거리는 $\frac{9}{8}$ km입니다.

세 분수의 분모가 8로 같으므로 분자의 크기를 비교하면

$\boxed{\phantom{0}} > \boxed{\phantom{0}} > \boxed{\phantom{0}}$ 입니다.

따라서 가장 멀리 달린 사람부터 차례대로 이름을 쓰면 $\boxed{\phantom{0}}$, $\boxed{\phantom{0}}$, $\boxed{\phantom{0}}$ 입니다.

답 _____

**1** 웅이가 할머니 댁에 갈 때 버스를 타면 $1\frac{4}{5}$시간, 지하철을 타면 $\frac{7}{5}$시간이 걸립니다. 어느 것을 타는 것이 할머니 댁에 더 빨리 갈 수 있습니까?

**2** $\square$ 안에 들어갈 수 있는 자연수는 모두 몇 개입니까?

$$\frac{33}{14} > 2\frac{\square}{14}$$

**3** 지혜가 가지고 있는 색 테이프의 길이는 $2\frac{19}{20}$ m보다 길고 $3\frac{3}{20}$ m보다는 짧습니다. 지혜가 가지고 있는 색 테이프의 길이를 분모가 20인 가분수로 나타낼 때, 분자가 될 수 있는 수들의 합을 구하시오.

**1** 다음 중 진분수는 모두 몇 개입니까?

$$\frac{3}{5}, \ \frac{7}{3}, \ 1\frac{3}{4}, \ \frac{7}{7}, \ \frac{9}{13}, \ \frac{10}{8}, \ \frac{5}{12}, \ 3\frac{2}{7}$$

**2** 다음 조건을 만족하는 진분수를 구하시오.

$$(분모)+(분자)=24 \quad (분모)-(분자)=6$$

**3** 98개의 구슬을 나머지 없이 모두 똑같이 나누어 주려고 합니다. 나누어 줄 수 있는 방법을 모두 찾아 한 명이 받는 구슬은 전체 98개의 얼마인지 각각 분수로 나타내시오. (단, 구슬 98개 모두를 1명에게 주는 경우는 생각하지 않습니다.)

**4** 주어진 5장의 숫자 카드 중에서 2장을 골라 분모가 7인 대분수를 만들었을 때, 가장 큰 대분수를 가분수로 나타내시오.

**5** 다음의 두 수가 서로 같을 때, ㉮와 ㉯ 중에서 어느 것이 더 큰 수입니까?

$$㉮의 \frac{2}{3}, \ ㉯의 \frac{5}{6}$$

**6** 오른쪽 그림과 같은 주머니에 들어 있는 수 카드 8장 중에서 2장을 뽑아 만들 수 있는 분수 중 3보다 큰 가분수는 모두 몇 개입니까?

**7** 어떤 수의 $\dfrac{5}{7}$는 45입니다. 어떤 수의 $\dfrac{2}{3}$는 얼마입니까?

**8** 길이의 차가 40 cm인 두 막대를 이용하여 휴지통의 높이를 알아보려고 합니다. 짧은 막대로 휴지통의 높이를 재어 보니 막대의 $\dfrac{2}{3}$만큼이었고 긴 막대로 휴지통의 높이를 재어 보니 막대의 $\dfrac{2}{5}$만큼이었습니다. 휴지통의 높이는 몇 cm입니까?

**9** 다음 조건을 만족하는 분수는 모두 몇 개입니까?

> • 분모는 1보다 크고 30보다 작은 수입니다.
> • 분자는 4로 나누어떨어지는 수입니다.
> • 1과 크기가 같은 분수입니다.

**10** 분모가 15이고, 분자가 100보다 작은 가분수 중에서 대분수로 나타낼 수 있는 분수는 모두 몇 개입니까?

**11** □ 안에 들어갈 수가 같을 때, □ 안에 알맞은 수를 구하시오.

$$7\frac{3}{\square} = \frac{59}{\square}$$

**12** 예슬이는 오전 8시 50분에 집에서 출발하여 오후 1시에 할머니 댁에 도착하였습니다. 기차를 탄 시간은 $2\frac{2}{3}$시간, 버스를 탄 시간은 $1\frac{1}{4}$시간입니다. 나머지는 걸었다면 예슬이가 걸은 시간은 몇 분입니까?

**13** 다음과 같이 가분수를 일정한 규칙에 따라 늘어놓았습니다. 30번째에 놓이는 분수를 구하시오.

$$\frac{5}{2}, \frac{7}{3}, \frac{9}{4}, \frac{11}{5}, \frac{13}{6}, \frac{15}{7}, \frac{17}{8}, \cdots\cdots$$

**14** 제과점에서 3일 동안 빵을 만들었습니다. 첫날은 빵을 125개 만들고, 둘째 날은 첫날 만든 빵의 개수의 $\frac{3}{5}$보다 20개 더 많이 만들고 마지막 날은 둘째 날 만든 빵의 개수의 $\frac{4}{5}$보다 6개 더 적게 만들었습니다. 제과점에서 3일 동안 만든 빵은 모두 몇 개입니까?

**15** 자연수 ㉮와 ㉯가 다음과 같을 때 가분수 $\frac{㉯}{㉮}$를 구하시오.

$$㉮+㉯=42 \qquad ㉮×6=㉯$$

**16** 한초는 동화책을 어제는 전체의 $\frac{2}{13}$를 읽고 오늘은 전체의 $\frac{4}{13}$를 읽었습니다. 어제와 오늘 읽은 쪽수가 72쪽이라면 동화책의 전체 쪽수는 몇 쪽입니까?

**17** 주어진 5장의 숫자 카드 중에서 2장을 뽑아 분수를 만들 때 가분수는 모두 몇 개를 만들 수 있습니까?

2    6    5    7    3

**18** 다음 중 피자를 가장 많이 먹은 사람은 누구입니까?

• 효근이는 피자 $3\frac{4}{6}$조각을 먹었습니다.

• 가영이는 피자 $2\frac{1}{6}$조각을 먹었습니다.

• 용희는 효근이가 먹은 것보다 $\frac{2}{6}$조각을 덜 먹었습니다.

• 한초는 가영이가 먹은 것보다 $\frac{4}{6}$조각을 더 먹었습니다.

**1** 자연수 ㉠, ㉡이 다음 조건 을 만족할 때, ㉡에 알맞은 수를 모두 구하시오.

> 조건
>
> $㉠\dfrac{3}{5}=\dfrac{㉡}{5}$, $4<㉠<9$

**2** 다음 분수 중에서 가장 큰 분수부터 차례로 기호를 쓰시오.

$$㉠\,2\dfrac{3}{8} \quad ㉡\,\dfrac{25}{8} \quad ㉢\,\dfrac{27}{12} \quad ㉣\,3\dfrac{1}{12}$$

**3** 다음과 같은 규칙으로 분수를 늘어놓을 때, 64번째에 놓일 분수를 구하시오.

$$\dfrac{3}{5},\ 1\dfrac{1}{5},\ \dfrac{9}{5},\ 2\dfrac{2}{5},\ \dfrac{15}{5},\ 3\dfrac{3}{5},\ \cdots$$

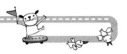

**4**  노란색 테이프 $3\frac{4}{8}$ m와 초록색 테이프 $2\frac{1}{5}$ m가 있습니다. 노란색 테이프는 $\frac{2}{8}$ m 씩 자르고 초록색 테이프는 $\frac{1}{5}$ m씩 자른다면 자른 도막은 어느 색 테이프가 몇 도막 더 많습니까?

**5**  규형이가 가지고 있는 구슬의 $\frac{3}{4}$은 신영이가 가지고 있는 구슬의 $\frac{3}{7}$과 같고 규형 이와 신영이가 가지고 있는 구슬의 차는 72개입니다. 규형이와 신영이가 가지고 있는 구슬은 모두 몇 개입니까?

**6**  예슬이네 반의 여학생 수는 반 전체의 $\frac{4}{9}$인 12명이고, 예슬이네 반 학생 수는 학 교 전체 학생 수의 $\frac{1}{24}$입니다. 학교 전체 학생 수는 모두 몇 명입니까?

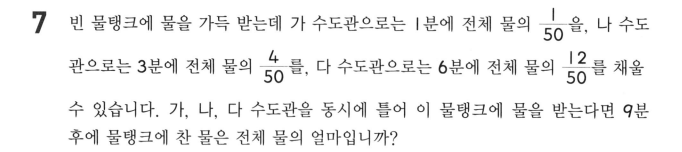

**7** 빈 물탱크에 물을 가득 받는데 가 수도관으로는 1분에 전체 물의 $\dfrac{1}{50}$을, 나 수도관으로는 3분에 전체 물의 $\dfrac{4}{50}$를, 다 수도관으로는 6분에 전체 물의 $\dfrac{12}{50}$를 채울 수 있습니다. 가, 나, 다 수도관을 동시에 틀어 이 물탱크에 물을 받는다면 9분 후에 물탱크에 찬 물은 전체 물의 얼마입니까?

**8** 동민이는 다음과 같이 숫자 카드 5장을 가지고 있습니다. 이 중에서 3장을 뽑아 대분수를 만들 때 5보다 큰 대분수는 모두 몇 개나 만들 수 있습니까?

$$\boxed{2} \quad \boxed{7} \quad \boxed{3} \quad \boxed{5} \quad \boxed{9}$$

**9** 다음 4장의 숫자 카드 중에서 세 장을 골라 만들 수 있는 가분수는 모두 몇 개입니까?

$$\boxed{2} \quad \boxed{5} \quad \boxed{7} \quad \boxed{9}$$

**10** 다음 조건을 모두 만족하는 세 진분수 ㉠, ㉡, ㉢을 구하시오.

> **조건**
>
> • 세 진분수의 분모는 12입니다.
> • 세 진분수의 분자의 합은 23입니다.
> • 세 진분수의 분자는 ㉢은 ㉡보다 4 크고, ㉡은 ㉠보다 2 큽니다.

**11** 자연수 가와 나가 다음 조건을 만족할 때, $\dfrac{나}{가}$ 를 대분수로 나타낼 수 있는 경우는 모두 몇 가지입니까?

> **조건**
>
> 2<가<7, 4<나<9

**12** 영수는 1타에 12자루씩 들어 있는 연필을 6타 가지고 있었습니다. 이 중에서 9자루는 동생에게 주고 남은 연필은 남김없이 친구들과 똑같이 나누어 가졌습니다. 영수가 가진 연필이 처음에 가지고 있던 연필의 $\dfrac{1}{8}$ 이라고 할 때, 동생에게 주고 남은 연필을 나누어 가진 사람은 모두 몇 명입니까?

**13** 14보다 작으면서 분모가 14인 가분수의 개수는 11보다 작으면서 분모가 11인 가분수의 개수보다 몇 개 더 많습니까?

**14** ㉠이 10보다 크고 50보다 작은 어떤 자연수일 때 ㉡이 될 수 있는 자연수를 모두 구하시오.

$$\frac{㉠}{8} = ㉡ \frac{㉡}{8}$$

**15** 한별이네 학교의 작년 학생 수는 1380명이었습니다. 그중에서 $\frac{1}{6}$만큼 졸업을 하고 남은 학생 수의 $\frac{3}{25}$만큼 입학을 했습니다. 올해 한별이네 학교의 학생 수는 작년의 학생 수보다 몇 명 더 적습니까?

**16** 동물원에 있는 남자 관람객은 전체 관람객의 $\frac{4}{6}$보다 18명 적고 여자 관람객은 전체 관람객의 $\frac{1}{6}$보다 57명 더 많습니다. 동물원에 있는 남자 관람객은 여자 관람객보다 몇 명 더 많습니까?

**17** 어떤 가분수의 분자와 분모의 차는 25입니다. 또 분자를 분모로 나누었더니 몫이 3이고, 나머지가 7이었습니다. 어떤 가분수를 구하시오.

**18** $\frac{1}{2}$, 1, $\frac{1}{3}$, $\frac{2}{3}$, 1, $\frac{1}{4}$, $\frac{2}{4}$, $\frac{3}{4}$, 1, ……과 같이 수를 늘어놓을 때 29번째 수를 구하시오.

**1** 2일에 한 번씩 2마리로 분열하는 미생물이 있습니다. 이 미생물 1마리를 비커에 넣었더니 32일만에 비커가 가득 찼습니다. 미생물이 비커의 $\frac{1}{4}$만큼 차는 데 며칠이 걸렸습니까?

**2** 일정한 규칙에 따라 분수를 늘어놓았습니다. 50번째 분수의 분모와 분자의 합은 얼마입니까?

$$\frac{2}{2}, \frac{1}{2}, \frac{3}{3}, \frac{2}{3}, \frac{1}{3}, \frac{4}{4}, \frac{3}{4}, \frac{2}{4}, \frac{1}{4}, \frac{5}{5}, \frac{4}{5}, \frac{3}{5}, \frac{2}{5}, \frac{1}{5}, \cdots$$

# 5 들이와 무게

1. 들이 비교하기
2. 들이의 단위 알아보고 들이 어림하기
3. 들이의 합과 차 알아보기
4. 무게 비교하기
5. 무게의 단위 알아보고 무게 어림하기
6. 무게의 합과 차 알아보기

## 이야기 수학

### ❋ 일상생활 속의 들이 단위

그릇에 들어갈 수 있는 액체의 양을 들이라고 하며 들이의 단위로는 mL, L 등이 있습니다. 이 들이의 단위는 우리의 일상생활과 밀접한 관련이 있는데, 예를 들어 캔음료의 겉에 175 mL, 235 mL 등의 들이 표시, 우유갑에 200 mL, 500 mL, 1 L 등의 들이 표시, 생수나 음료가 담긴 페트병 겉면에 1.8 L, 2.0 L 등의 들이 표시, 커다란 생수통의 겉면에 19.2 L, 20 L 등의 들이 표시가 그러한 경우입니다. 항상 우리와 가까이 있는 들이 단위지만 무심코 지나쳐버리고 주의깊게 관찰하지 않기 때문에 들이 단위가 우리의 일상생활과 얼마나 밀접한 것인지 느끼지 못하는 것입니다.

만일 두 종류의 우유 250 mL와 500 mL가 있을 때 가격이 각각 500원, 800원이라면 여러분은 500 mL의 우유를 사는 것이 더 경제적이라는 사실을 알 수 있고 이것은 비교 가능한 들이 표시가 있기 때문입니다. 이제부터 여러분이 캔음료를 하나 마시더라도 들이가 얼마나 되는지 살펴보고 공부하는 습관을 갖는다면 여러분의 일상생활이 더욱 흥미로워지고 경제적인 생활로 바뀌지 않을까요? 오늘 당장 아빠가 사용하는 스킨이나 로션의 들이를 알아보세요. 들이는 얼마나 될까요….

🏀 **들이의 직접 비교**

하나의 그릇에 물을 가득 채운 후, 이 물을 다른 그릇에 옮겨 담아 비교합니다.

주전자에 물을 가득 채워 물병에 옮겼을 때, 물병을 가득 채우고도 주전자에 물이 남으면 주전자의 들이가 더 많습니다.

🏀 **들이의 간접 비교**

두 그릇에 물을 가득 채운 후 모양과 크기가 같은 컵에 각각 따라 컵의 수를 세어 보고 비교합니다.

물병은 4컵, 주전자는 5컵이므로 주전자의 들이가 더 많습니다.

**1** 양동이와 세숫대야의 들이를 비교하려고 그림과 같이 양동이에 물을 가득 채우고 세숫대야에 옮겨 담았습니다. 양동이와 세숫대야 중에서 어느 것의 들이가 더 많습니까?

**2** 용희는 가와 나의 물병에 들어 있는 물의 양을 알아보기 위하여 다와 같은 컵으로 덜어 냈습니다. 덜어 낸 횟수는 가는 15회, 나는 9회입니다. 어느 물병의 물의 양이 더 많습니까?

들이를 간접 비교할 때, 들이 단위로 사용하는 그릇이 다를 때에는 양을 서로 비교할 수 없고 측정값이 다를 수 있으므로 같은 그릇을 사용해야 합니다.

**3** 그릇 ㉮, ㉯, ㉰에 물을 가득 채워 모양과 크기가 같은 컵에 각각 가득 따랐더니 다음과 같이 되었습니다. 들이가 가장 많은 것부터 차례대로 기호를 쓰시오.

③ 컵의 수가 많을수록 그릇의 들이가 더 많습니다.

| 그릇 | ㉮ | ㉯ | ㉰ |
|---|---|---|---|
| 컵의 수(컵) | 7 | 3 | 5 |

핵심 응용

물통에 물을 가득 채우려면 물병으로 3번 부어야 하고 물병에 물을 가득 채우려면 컵으로 7번 부어야 합니다. 컵으로 물통에 물을 가득 채우려면 몇 번 부어야 합니까?

생각 열기 물통에 물을 채울 때, 물병으로 부은 횟수와 컵으로 부은 횟수의 관계를 알아봅니다.

**풀이** 물통의 들이는 물병으로 ☐ 번 부어야 가득 채워지므로

(물통의 들이)=(물병의 들이)×☐ 이고

물병의 들이는 컵으로 ☐ 번 부어야 가득 채워지므로

(물병의 들이)=(컵의 들이)×☐ 입니다.

따라서 컵으로 물통에 물을 가득 채우려면

(물통의 들이)=(물병의 들이)×☐ =(컵의 들이)×☐ ×☐ =(컵의 들이)×☐

이므로 컵으로 ☐ 번 부어야 합니다.

**답** _____

**1** 동민이가 가지고 있는 그릇과 한초가 가지고 있는 그릇에 물을 가득 채워 모양과 크기가 같은 컵에 각각 부었더니 컵의 수가 다음과 같았습니다. 동민이가 가지고 있는 그릇의 들이는 한초가 가지고 있는 그릇의 들이의 몇 배입니까?

|  | 동민이의 그릇 | 한초의 그릇 |
|---|---|---|
| 컵의 수(컵) | 36 | 9 |

**2** 꽃병에 담긴 물은 컵으로 13컵이고 주전자에 담긴 물은 똑같은 컵으로 31컵이며 물병에 담긴 물은 똑같은 컵으로 19컵입니다. 꽃병에 담긴 물과 물병에 담긴 물을 양동이에 부었다면, 주전자에 담긴 물과 양동이에 부은 물 중에서 어느 것이 몇 컵 더 많습니까?

**3** 오른쪽 그림과 같이 물병 ㉮와 컵 ㉯, ㉰가 있습니다. 빈 물병 ㉮에 물을 가득 채우려면, ㉯ 컵만으로는 5번, ㉰ 컵만으로는 7번 부어야 합니다. ㉯ 컵으로 15번 부어 가득 차는 물병이 있다면, ㉰ 컵으로는 몇 번 부어야 합니까?

⊘ **들이의 단위**

- 들이의 단위에는 리터와 밀리리터가 있습니다.
- 1 리터는 1 L, 1 밀리리터는 1 mL라고 씁니다.
- 1 리터는 1000밀리리터와 같습니다.

> 1 L  1 mL
> 1 L = 1000 mL

⊘ **L와 mL의 관계**

- 1 L보다 200 mL 더 많은 들이를 1 L 200 mL라 쓰고, 1 리터 200밀리리터라고 읽습니다.
- 1 L 200 mL = 1 L + 200 mL = 1000 mL + 200 mL = 1200 mL

⊘ **들이를 어림하고 재기**

- 들이를 어림하여 말할 때는 약 ☐ L 또는 약 ☐ mL라고 합니다.
- 들이를 재는 도구는 200 mL의 우유갑이나 들이가 적혀 있는 쌀컵, 음료수 용기 등을 사용합니다.

>  이 물의 들이는 2 L에 가까우므로 약 2 L라고 어림할 수 있습니다.

**1** ☐ 안에 알맞은 수를 써넣으시오.

(1) 3400 mL = ☐ L ☐ mL

(2) 8 L 500 mL = ☐ mL

**2** 들이를 비교하여 ○ 안에 >, <를 알맞게 써넣으시오.

(1) 200 mL ○ 2 L

(2) 10 L 650 mL ○ 10540 mL

**3** 들이가 가장 적은 것부터 차례대로 기호를 쓰시오.

> ㉠ 70085 mL          ㉡ 70 L 95 mL
> ㉢ 70000 mL          ㉣ 70 L 55 mL

**4** 영수네 가족은 우유를 1 L 300 mL 마셨고 가영이네 가족은 우유를 1250 mL 마셨습니다. 누구네 가족이 우유를 더 많이 마셨습니까?

---

**Jump 도우미**

- L를 사용하는 경우는 그릇의 들이가 많은 경우입니다.
  ➡ 양동이, 쓰레기 분리 수거용 봉지 등
- mL를 사용하는 경우는 그릇의 들이가 적은 경우입니다.
  ➡ 물컵, 요구르트 병 등

**3** 7 L = 7000 mL
70 L = 70000 mL

 **핵심 응용**  지혜는 사과 주스를 하루에 450 mL씩 마십니다. 지혜가 일주일 동안 마신 사과 주스는 모두 몇 L 몇 mL입니까?

**생각 열기**  1 L=1000 mL임을 이용하여 문제를 해결합니다.

**풀이**  일주일은 7일이므로 일주일 동안 지혜가 마신 사과 주스의 양은

　　　□ ×7= □ (mL)입니다.

　　　1 L= □ mL이므로

　　　□ mL=3000 mL+ □ mL= □ L □ mL입니다.

　　　따라서 일주일 동안 지혜가 마신 사과 주스의 양은 모두 □ L □ mL입니다.

**답**＿＿＿＿＿＿＿＿＿＿

 **1** 5 L 들이 물통에 물이 가득 들어 있습니다. 이 물을 600 mL 들이 그릇으로 모두 덜어 내려면, 적어도 몇 번 덜어 내야 합니까?

 **2** 노란색 페인트 3 L를 사용하여 벽에 똑같은 병아리 5마리를 그렸더니 남아 있는 페인트가 없었습니다. 병아리 한 마리를 그리는 데 사용한 페인트의 양은 몇 mL 입니까?

 **3** 딸기 우유 한 컵의 양은 550 mL입니다. 딸기 우유 12컵을 6개의 병에 똑같이 나누어 담았다면, 한 병에 담긴 딸기 우유의 양은 몇 L 몇 mL입니까?

### 🜲 들이의 합

$$
\begin{array}{r}
\overset{1}{\phantom{+}}8\text{ L }\;500\text{ mL} \\
+\;3\text{ L }\;800\text{ mL} \\
\hline
12\text{ L }\;300\text{ mL}
\end{array}
$$

500 mL+800 mL=1300 mL이므로 1000 mL를 1 L로 받아올림하여 계산합니다.

### 🜲 들이의 차

$$
\begin{array}{r}
\overset{6}{\cancel{7}}\text{ L }\;\overset{1000}{400}\text{ mL} \\
-\;2\text{ L }\;900\text{ mL} \\
\hline
4\text{ L }\;500\text{ mL}
\end{array}
$$

mL 단위끼리 뺄 수 없으므로 1 L를 1000 mL로 받아내림하여 계산합니다.

**1** 들이의 합과 차를 구하시오.

> 3700 mL      6 L 400 mL

**2** 계산 결과가 4 L보다 큰 것을 찾아 기호를 쓰시오.

> ㉠ 2 L 200 mL+1 L 900 mL
> ㉡ 6 L 300 mL−2 L 500 mL
> ㉢ 1 L 400 mL+1 L 600 mL

**3** 3 L 600 mL의 물에 2 L 800 mL의 물을 더 부으면 전체 물의 양은 몇 L 몇 mL입니까?

③ 받아올림에 주의합니다.

**4** 우유 3 L 400 mL 중에서 2 L 700 mL를 마셨습니다. 남은 우유는 몇 mL입니까?

④ 받아내림에 주의합니다.

**5** 기름 5 L 중 2 L 700 mL를 사용했습니다. 남은 기름은 몇 L 몇 mL입니까?

**핵심 응용** 냉장고에 4 L 300 mL의 식혜가 있습니다. 식혜를 아버지께서 680 mL 마셨고 동생은 아버지보다 180 mL 더 많이 마셨습니다. 남아 있는 식혜는 몇 L 몇 mL입니까?

**생각열기** 먼저 동생이 마신 식혜의 양을 알아봅니다.

**풀이** 동생은 아버지가 마신 식혜의 양보다 ☐ mL 더 많이 마셨으므로

동생이 마신 식혜의 양은 680 mL + ☐ mL = ☐ mL입니다.

아버지와 동생이 마신 식혜의 양은

680 mL + ☐ mL = ☐ mL = ☐ L ☐ mL이므로

냉장고에 남아 있는 식혜의 양은

4 L 300 mL − ☐ L ☐ mL = ☐ L ☐ mL입니다.

**답** _____

 **확인 1** 효근이는 아버지와 함께 벽에 페인트를 칠했습니다. 빨간색 페인트 5 L 200 mL와 흰색 페인트 2650 mL를 섞어서 분홍색 페인트를 만든 후 4 L 600 mL를 사용했습니다. 남은 페인트는 몇 L 몇 mL입니까?

 **확인 2** 6 L의 물이 들어 있는 그릇에서 300 mL 들이의 컵에 물을 가득 담아 6번 덜어 내고 500 mL 들이의 컵에 물을 가득 담아 3번 덜어 냈습니다. 그릇에 남아 있는 물의 양은 몇 L 몇 mL입니까?

 **확인 3** 물이 ㉮ 물통에는 16 L 400 mL, ㉯ 물통에는 13 L 600 mL가 들어 있습니다. 두 물통에 들어 있는 물의 양을 같게 하려면, ㉮ 물통에 들어 있는 물을 ㉯ 물통으로 몇 L 몇 mL만큼 옮기면 됩니까?

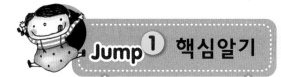

### 📖 모양과 크기가 다른 물건의 무게를 비교하는 방법

〈방법 1〉 양 손으로 직접 들어서 비교합니다.

〈방법 2〉 윗접시 저울에 각각 올려 비교합니다.

　　➡ 어느 것이 더 무거운지는 알 수 있으나 얼마만큼 더 무거운지는 알 수 없습니다.

〈방법 3〉 저울에 물건과 동전 또는 바둑돌 등의 임의의 단위를 이용하여 비교합니다.

　　➡ 어느 물건이 동전 또는 바둑돌 몇 개 만큼 더 무거운지 알 수 있습니다.

**1** 사과와 귤 중 어느 것이 더 무겁습니까?

 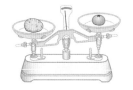

 jump 도우미

① 저울이 기운 쪽의 무게가 더 무겁습니다.

**2** 동전을 이용하여 사과와 배 중에서 어느 것이 얼마나 더 무거운지 알아보려고 합니다. 물음에 답하시오.

② 동전의 개수가 더 많은 쪽이 더 많은 개수만큼 더 무겁습니다.

(1) 사과의 무게는 동전 몇 개의 무게와 같습니까?

(2) 배의 무게는 동전 몇 개의 무게와 같습니까?

(3) ☐ 안에 알맞은 수나 말을 써넣으시오.

> 사과와 배 중에서 ☐가 동전 ☐개만큼 더 무겁습니다.

**3** 배 한 개의 무게는 100원짜리 동전 42개의 무게와 같으며, 사과 한 개의 무게는 100원짜리 동전 33개의 무게와 같습니다. 배와 사과 중에서 어느 것이 100원짜리 동전 몇 개만큼 더 무겁습니까?

 핵심 응용

그림과 같이 저울이 있습니다. ㉠의 경우는 똑같은 사과 3개, ㉡의 경우는 똑같은 배 4개일 때 각각 수평을 이룹니다. 사과 한 개의 무게가 350 g이고, 배 한 개의 무게는 600 g일 때 파란색 추의 무게는 몇 g입니까?

㉠

㉡

생각 열기 추의 무게와 과일의 무게 사이의 관계를 생각합니다.

풀이 빨간색 추 1개와 노란색 추 1개의 무게는 ☐ × 3 = ☐ (g)이고

빨간색 추 1개와 노란색 추 1개와 파란색 추 1개의 무게는 ☐ × 4 = ☐ (g)

입니다.

따라서 파란색 추의 1개의 무게는 ☐ g − ☐ g = ☐ g입니다.

답 _____

**1** 귤, 토마토, 복숭아 중에서 가장 가벼운 것은 어느 것입니까?

귤        토마토

복숭아        토마토

**2** 그림을 보고 가 컵과 나 컵 중에서 어느 것이 얼마나 더 무거운지 동전의 개수로 나타내시오.

가 컵    동전 23개

나 컵    동전 19개

### 🪐 무게의 단위

- 무게의 단위에는 킬로그램과 그램이 있습니다.
- 1킬로그램은 1 kg, 1그램은 1 g이라고 씁니다.
- 1킬로그램은 1000 그램과 같습니다.    `1 kg=1000 g`

### 🪐 kg과 g의 관계

- 1 kg보다 600 g 더 무거운 무게를 1 kg 600 g이라 쓰고, 1킬로그램 600 그램이라고 읽습니다.
- 1 kg 600 g은 1600 g과 같습니다.

$$1 \text{ kg } 600 \text{ g} = 1 \text{ kg} + 600 \text{ g}$$
$$= 1000 \text{ g} + 600 \text{ g}$$
$$= 1600 \text{ g}$$

### 🪐 1 kg보다 큰 무게의 단위

- 1000kg의 무게를 1 t이라 쓰고 1톤이라고 읽습니다.
- 1톤은 1000킬로그램과 같습니다.

**1 t**    `1 t=1000 kg`

### 🪐 무게 어림하고 재기

- 어림한 무게를 말할 때에는 약 ☐ kg 또는 약 ☐ g이라고 합니다.

---

**1** ☐ 안에 알맞은 수를 써넣으시오.

(1) 3 kg = ☐ g

(2) 7000 g = ☐ kg

(3) 5 kg 750 g = ☐ g

(4) 2005 kg = ☐ t ☐ kg

**2** 오른쪽 저울의 눈금을 읽어 보시오.

**3** 가장 가벼운 것부터 차례대로 기호를 쓰시오.

> ㉠ 3 kg          ㉡ 3200 g
>
> ㉢ 2 kg 300 g     ㉣ 3 kg 20 g

**4** ☐ 안에 알맞은 단위를 써넣으시오.

(1) 100원짜리 동전의 무게는 약 5 ☐ 입니다.

(2) 돼지의 무게는 약 90 ☐ 입니다.

(3) 관광버스의 무게는 약 15 ☐ 입니다.

---

**Jump 도우미**

임의의 단위를 사용하면 임의의 단위가 바뀔 때마다 같은 물건의 무게가 다르게 표현되어 불편합니다.

따라서 무게를 비교할 때는 무게의 보편 단위인 kg과 g을 사용합니다.

🟤 단위를 똑같이 고친 다음 문제를 해결합니다.

☆

## Jump 2 핵심응용하기

**핵심 응용**  그림과 같이 감자, 케이크, 파인애플의 무게를 저울로 재어 보았습니다. 1 kg 500 g에 가장 가까운 것은 무엇입니까?

  먼저 눈금 1칸은 몇 g을 나타내는지 알아봅니다.

**풀이**  각 저울의 큰 눈금 1칸은 ☐ g을 나타냅니다.

감자 : ☐ g, 케이크 : ☐ g, 파인애플 : ☐ g

따라서 1 kg 500 g에 가장 가까운 것은 ☐ 입니다.

**답** _____

**1**  무게가 3 kg인 빈 상자 안에 무게가 같은 수박 9개를 넣어 저울로 재어 보았더니 30 kg이 되었습니다. 이때, 수박 한 개의 무게는 몇 g입니까?

**2**  어머니께서 시장에서 밤 1200 g, 대추는 밤 무게의 반을, 호두는 대추 무게의 4배를 사 오셨습니다. 어머니께서 사 오신 호두는 몇 kg 몇 g입니까?

**3**  각각의 무게가 같은 사과, 배, 귤이 있습니다. 사과 9개와 배 8개의 무게가 같고 배 4개와 귤 10개의 무게가 같을 때, 사과 27개는 귤 몇 개의 무게와 같습니까?

◈ 무게의 합

```
   2 kg    840 g          2 kg   840 g
+  3 kg    500 g       +  3 kg   500 g
   5 kg   1340 g          6 kg   340 g
   1 kg ← 1000 g
   6 kg    340 g
```

g 단위끼리 더하여 1000 g이거나 1000 g
이 넘으면 1 kg으로 받아올림하여 계산합니다.

◈ 무게의 차

```
   4 kg   500 g          4 kg   500 g
-  2 kg   850 g    ➡   -  2 kg   850 g
                         1 kg   650 g
```

g 단위끼리 뺄 수 없으면 1 kg을 1000 g
으로 받아내림하여 계산합니다.

**1** 무게의 합과 차를 구하시오.

(1) 25 kg 840 g + 32 kg 720 g

(2) 49 kg 230 g − 24 kg 820 g

Jump 도우미

g 단위끼리 뺄 수 없으면
1 kg을 1000 g으로 받
아내림하여 계산합니다.

**2** 계산 결과가 가장 작은 것부터 차례대로 기호를 쓰시오.

> ㉠ 14 kg 300 g + 19 kg 840 g
> ㉡ 70 kg 250 g − 36 kg 540 g
> ㉢ 43 kg 470 g − 9 kg 630 g

**3** 한별이의 몸무게는 31 kg 300 g입니다. 한솔이는 한별이보
다 1320 g이 더 무겁다면, 한솔이의 몸무게는 몇 kg 몇 g입
니까?

③ 단위를 같게 하여 계산합니
다.

**4** 사과 3개를 무게가 900 g인 쟁반에 올려놓고 무게를 달아
보니 2 kg 200 g이었습니다. 사과 3개의 무게는 몇 kg 몇
g입니까?

④ 받아내림에 주의하여 계산합
니다.

**5** 간장이 든 항아리의 무게는 10 kg 120 g입니다. 항아리의
무게가 3 kg 600 g이면, 간장의 무게는 몇 kg 몇 g입니까?

 **핵심 응용** 무게가 150 g인 귤 9개와 무게가 400 g인 사과 7개를 바구니에 담아 무게를 재었더니 6 kg 100 g이었습니다. 빈 바구니의 무게는 몇 kg 몇 g입니까?

 (빈 바구니의 무게)=(귤과 사과가 담긴 바구니의 무게)−(귤과 사과의 무게)

**풀이** 귤 9개의 무게는 ☐ ×9= ☐ (g)= ☐ kg ☐ g이고

사과 7개의 무게는 ☐ ×7= ☐ (g)= ☐ kg ☐ g입니다.

귤 9개와 사과 7개의 무게의 합은

☐ kg ☐ g+ ☐ kg ☐ g= ☐ kg ☐ g입니다.

따라서 빈 바구니의 무게는

☐ kg ☐ g− ☐ kg ☐ g= ☐ kg ☐ g입니다.

**답** _____

 **1** 규형이네 강아지의 무게는 4720 g이고 고양이는 강아지보다 1 kg 300 g 더 가볍습니다. 규형이가 강아지와 고양이와 함께 무게를 재었더니 45 kg 100 g이었습니다. 규형이의 몸무게는 몇 kg 몇 g입니까?

 **2** 석기의 몸무게는 동생 몸무게의 2배보다 10 kg 500 g이 가볍다고 합니다. 동생의 몸무게가 22 kg 500 g이면, 석기와 동생의 몸무게의 합은 몇 kg입니까?

 **3** 어머니께서 마트에서 쌀 3 kg과 참외 한 상자를 샀습니다. 그런데 마트는 12 kg이 되어야 물건을 배달해 줍니다. 배달 받기 위해 참외를 더 사려면 참외는 적어도 몇 상자를 더 사야 합니까? (단, 참외 한 상자의 무게는 2 kg 550 g이고 참외는 상자 단위로만 팝니다.)

🌱 그림을 보고 물음에 답하시오. [1~3]

**1** 패트병의 들이는 삼각플라스크 2개의 들이와 같고, 주전자 들이는 우유갑 15개, 비커의 들이는 종이컵 8개와 같습니다. 빈칸을 알맞게 채우시오.

| 구분 | 비교 기준 | 비교 개수 | 들이 |
|------|-----------|-----------|------|
| 패트병 | 삼각플라스크 | 2개 | |
| 주전자 | 우유갑 | 15개 | |
| 비커 | 종이컵 | 8개 | |

**2** 양동이의 들이는 비커 2개, 패트병 3개, 우유갑 2개의 들이의 합과 같고, 물통의 들이는 주전자 2개, 패트병 2개, 종이컵 5개의 들이의 합과 같습니다. 양동이와 물통의 들이는 어느 것이 몇 mL 더 많습니까?

**3** 비커와 삼각플라스크에 물을 가득 채워 주전자에 모두 부은 후 종이컵으로 물을 가득 담아 3번 덜어냈습니다. 주전자에 남은 물은 몇 mL인지 구하시오.

**4** 규형이는 매주 월요일과 금요일에 약수를 떠옵니다. 월요일에는 500 mL, 금요일에는 700 mL씩 물을 떠올 때, 4월 한 달 동안 떠온 물의 양은 모두 몇 L 몇 mL입니까? (단, 4월 1일은 목요일입니다.)

**5** 50 L가 들어가는 큰 물통의 위로는 1분 동안 1200 mL씩 들어가는 수도꼭지가 있고, 아래쪽에는 1분 동안 700 mL씩 나오는 수도꼭지가 있습니다. 두 개의 수도꼭지를 동시에 틀었을 때, 물통을 가득 채우는 데는 몇 분이 걸리겠습니까?

**6** 17 L 800 mL의 우유가 있습니다. 아버지가 딸보다 1 L 400 mL의 우유를 더 많이 마신다면 아버지와 딸은 각각 몇 L 몇 mL의 우유를 마시게 됩니까?

**7** 동민이의 그릇과 영수의 그릇의 들이의 합은 6 L 300 mL입니다. 동민이의 그릇에 물을 가득 채워 영수의 그릇에 가득 담으려면 8번을 부어야 합니다. 영수의 그릇의 들이는 몇 L 몇 mL입니까?

**8** 예슬이는 4 L 200 mL, 한별이는 5 L 400 mL의 과일 주스를 가지고 있습니다. 하루에 예슬이는 300 mL, 한별이는 500 mL씩 마신다면, 며칠 동안 마셨을 때 두 사람의 남은 주스의 양이 같아지겠습니까?

**9** 무게가 같은 쇠구슬 7개를 상자에 넣어 달아보니 910 g이었습니다. 여기에 똑같은 쇠구슬 5개를 더 넣어 달아보니 1375 g이었습니다. 상자의 무게는 쇠구슬 한 개의 무게보다 얼마나 더 무겁습니까?

**10** 무게가 500 g인 가 물통에 물을 가득 넣어 무게를 재었더니 8 kg 200 g이었고 무게가 720 g인 나 물통에 물을 가득 넣어 무게를 재었더니 11 kg 300 g이었습니다. 어느 물통에 들어 있는 물이 몇 kg 몇 g 더 많이 들어 있습니까?

**11** 한초가 강아지를 안고 무게를 재면 35 kg이고 가영이가 같은 강아지를 안고 무게를 재면 31 kg 400 g입니다. 한초와 가영이의 몸무게를 합하면 61 kg 400 g일 때, 강아지의 무게는 몇 kg 몇 g입니까?

**12** 다음 조건을 보고 배 5개와 사과 6개의 무게의 합은 몇 kg 몇 g인지 구하시오. (단, 같은 과일끼리는 무게가 같습니다.)

> ㉠ (배 4개의 무게)+(사과 2개의 무게)=3300 g
> ㉡ (배 4개의 무게)−(사과 2개의 무게)=1500 g

**13** 감자는 1 kg에 1600원이고 돼지고기는 600 g에 7200원이라고 합니다. 시장에 가서 감자 1 kg 500 g과 돼지고기 800 g을 샀습니다. 지불한 돈은 모두 얼마입니까?

**14** 똑같은 장난감 6개를 쟁반에 올려놓고 무게를 달아보니 1 kg 800 g이었고 같은 장난감 4개를 쟁반에 올려놓고 무게를 달아보니 1300 g이었습니다. 장난감 한 개와 쟁반 한 개의 무게는 각각 몇 g입니까?

**15** 다음 저울은 모두 수평입니다. 쇠구슬 ㉮, ㉯, ㉰, ㉱는 각각 무게가 다르며 10 g, 20 g, 30 g, 40 g 중의 하나라면 쇠구슬 ㉮, ㉯, ㉰, ㉱는 각각 몇 g입니까?(단, ㉮는 ㉯보다 가볍습니다.)

**16** 물 4 L 400 mL를 큰 병, 중간 병, 작은 병에 가득 채웠더니 남는 물이 없었습니다. 큰 병의 들이는 중간 병의 들이보다 200 mL 더 크고, 중간 병의 들이는 작은 병의 들이보다 300 mL 더 크다면 큰 병의 들이는 몇 L 몇 mL입니까?

**17** 8 t의 무게가 나가는 버스에 몸무게가 50 kg인 사람이 14명 타고 몸무게가 70 kg인 사람이 12명이 탔습니다. 그 후 한 상자에 30 kg인 상자를 12개 실었다면 전체의 무게는 몇 t 몇 kg입니까?

**18** 1 g, 2 g, 4 g, 8 g짜리 추가 1개씩 있었는데 이 중에서 하나를 잃어버렸습니다. 추를 한쪽에만 올려놓을 때, 12 g과 7 g을 잴 수 없다면 잃어버린 추는 몇 g짜리입니까?

**1** 물통 ㉮의 들이는 물통 ㉯의 들이의 **3**배이고 물통 ㉰의 들이는 물통 ㉮의 들이의 **2**배입니다. 물통 ㉮, ㉯, ㉰에 각각 **2**번씩 물을 받아 모은 물의 양이 **9** L일 때, ㉮ 물통의 들이는 몇 L 몇 mL입니까?

**2** A, B, C 세 개의 물통이 있습니다. A와 B 물통의 들이의 합은 **6** L **800** mL이고 B와 C 물통의 들이의 합은 **8** L **100** mL입니다. 그리고 C와 A 물통의 들이의 합이 **6** L **300** mL라고 하면, A, B, C 세 물통의 들이는 각각 몇 L 몇 mL입니까?

**3** 웅이의 아버지께서 우유를 **5** L 사 오셨습니다. 우유 **5** L를 형은 웅이보다 **800** mL 많게, 누나는 웅이보다 **600** mL 적게 나누어 마시려고 합니다. 웅이는 몇 L 몇 mL의 우유를 마실 수 있습니까?

**4** 다음과 같이 가로 10 cm, 세로 10 cm, 높이 10 cm인 그릇의 들이는 1 L입니다.
가로 100 cm, 세로 100 cm, 높이 100 cm인 그릇의 들이는 몇 L입니까?

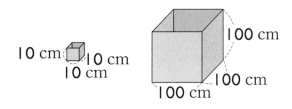

**5** 물의 양이 가장 많은 것부터 차례대로 기호를 쓰시오.

> ㉠ 5 L 200 mL 들이 그릇에 가득 담겨 있는 물을 800 mL만큼씩 2번 덜어 냈습니다.
>
> ㉡ 400 mL 들이 컵에 물을 가득 채워 8번 부었습니다.
>
> ㉢ 2 L 800 mL의 물이 들어 있는 물통에 700 mL의 물을 4번 부었습니다.

**6** 400 mL 들이 컵과 900 mL 들이 컵만을 사용하여 300 mL의 물을 담으려고 합니다. 어떻게 담을 수 있는지 설명하시오.

**7** 오른쪽 그림과 같이 ㉮와 ㉯ 두 개의 물통이 있습니다. ㉮에 가득 채운 물을 ㉯에 가득 부으면 남는 물은 14컵입니다. 또, ㉯에 가득 채운 물을 ㉮에 붓고, 다시 ㉯에 가득 채워 한번 더 ㉮에 부어 가득 채우면 남는 물은 11컵입니다. ㉮와 ㉯를 모두 가득 채울 때, 필요한 물은 모두 몇 컵입니까?

**8** 한 상자에 370 g짜리 통조림이 6개씩 들어 있습니다. 통조림이 들어 있는 상자 5개를 모두 올려놓고 무게를 달아보니 12 kg 600 g이었습니다. 통조림이 들어 있지 않은 빈 상자 한 개의 무게는 몇 g입니까?

**9** 한초는 10개의 똑같은 무게의 배를 바구니에 넣고 무게를 재었더니 10 kg 500 g이었습니다. 그중에서 3개의 배를 먹은 후 무게를 재었더니 8 kg 100 g이었습니다. 바구니만의 무게는 몇 kg 몇 g입니까?

**10** 다음은 볶음밥 5인분을 만드는 데 필요한 재료입니다. 9인분의 볶음밥을 만드는 데 필요한 재료는 모두 몇 kg 몇 g입니까?

> 쌀 : 1 kg 250 g    쇠고기 : 400 g    당근 : 350 g    양파 : 130 g    달걀 : 250 g

**11** 그림에서 흰색 구슬 한 개와 검은색 구슬 한 개의 무게를 각각 구하시오.

**12** 다음 조건을 보고 감 1개의 무게를 구하시오. (단, 같은 과일의 무게는 모두 같습니다.)

> ㉠ 감 10개와 참외 8개의 무게는 같습니다.
> ㉡ 참외 6개와 복숭아 3개의 무게는 같습니다.
> ㉢ 참외 6개와 복숭아 6개의 무게는 2970 g입니다.

**13** 오른쪽 그림은 저울 위에 그 저울과 무게가 같은 저울을 올리고, 다시 그 저울 위에 우유와 오렌지주스를 1개씩 올린 것입니다. 저울 옆에 적힌 무게는 그 저울이 나타내는 눈금입니다. 저울 1개의 무게는 몇 g입니까?

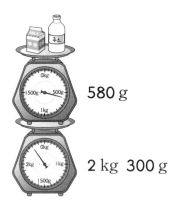

580 g

2 kg 300 g

**14** 무게가 120 g, 170 g, 210 g, 270 g인 추가 각각 한 개씩 있습니다. 추와 양팔 저울을 이용하여 무게를 잴 때, 잴 수 없는 물건은 어느 것입니까?

| 430 g | 500 g | 350 g | 610 g |
|-------|-------|-------|-------|
| 무우 | 배추 | 참외 | 바나나 |

**15** 다음 저울은 모두 수평입니다. ㉠, ㉡, ㉢, ㉣은 각각 무게가 다르며 15 g, 35 g, 50 g, 70 g 중 하나씩이라면, ㉡은 몇 g입니까?

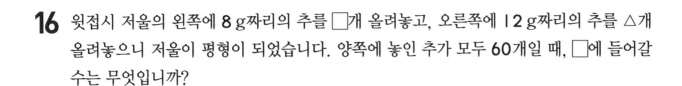
**16** 윗접시 저울의 왼쪽에 **8 g**짜리의 추를 □개 올려놓고, 오른쪽에 **12 g**짜리의 추를 △개 올려놓으니 저울이 평형이 되었습니다. 양쪽에 놓인 추가 모두 **60개**일 때, □에 들어갈 수는 무엇입니까?

**17** ㉮ 물통에는 **100 L**, ㉯ 물통에는 **580 L**의 물이 들어 있었습니다. 펌프를 사용하여 **1분**마다 **8 L**의 물을 ㉯ 물통에서 ㉮ 물통으로 옮겨 넣다가 도중에 정전이 되어 몇 분 동안 펌프가 정지했습니다. 물을 옮기기 시작한 지 **38분** 만에 ㉮, ㉯ 두 물통에 들어 있는 물의 양이 같아졌다면 펌프는 몇 분 동안 정지했습니까?

**18** 윗접시 저울과 **1 g, 3 g, 9 g, 27 g, 81 g**짜리 추가 **1개**씩 있습니다. 이 추들을 이용하여 무게가 각각 **60 g**과 **101 g**인 물건의 무게를 재는 방법을 설명하시오. (단, 추는 저울의 어느 쪽에 놓아도 상관없습니다.)

**1** ㉮, ㉯ 두 물통에 물이 들어 있습니다. 처음에 물통 ㉮에서 ㉯로, ㉯에 들어 있는 만큼의 물을 부은 후 다시 ㉯에서 ㉮로 ㉮에 들어 있는 만큼의 물을 부었습니다. 또, 다시 ㉮에서 ㉯로 ㉯에 들어 있는 만큼의 물을 부었더니 두 물통에는 각각 48 L의 물이 들어 있었습니다. 처음 ㉮, ㉯ 두 물통에 들어 있던 물은 각각 몇 L 입니까?

**2** 18개의 금화 중에서 한 개는 가짜인데 겉으로는 구별이 되지 않고 가짜 금화가 진짜 금화보다 가볍다고 합니다. 추가 없이 양팔 저울로 가짜 금화를 찾아내려면 최소한 양팔 저울을 몇 번 사용해야 합니까?

# 6 자료의 정리

1. 표에서 알 수 있는 내용 알아보기
2. 자료 정리하기
3. 그림그래프를 알아보고 그리기

이야기 수학

❋ 통계 처리 능력 배양의 필요성

지식 정보화 시대에는 인터넷과 텔레비전 등 여러 가지 매체를 통하여 다양한 정보를 쉽게 접할 수 있습니다. 현대인들은 통계 정보를 나타내는 표와 그래프에서 제시되는 많은 자료들을 읽고, 해석하고, 판단하는 통계 처리 능력이 필수적으로 요구되어집니다.
일상생활의 여러 장면에서 나타나는 자료에 관심을 가지고 이 자료를 정리하는 방법과 정리된 자료를 읽을 수 있는 능력을 키울 때 미래에 일어날 일들을 바르게 예측할 수 있지 않을까요?

◉ 표에서 알 수 있는 내용

〈마을별 초등학생 수〉

| 마을 | 개나리 | 진달래 | 무궁화 | 난초 | 합계 |
|---|---|---|---|---|---|
| 학생 수(명) | 34 | 46 | 23 | 19 | 122 |

• 초등학생 수가 가장 많은 마을은 진달래 마을입니다.
• 4개의 마을에 사는 초등학생 수는 모두 122명입니다.
• 초등학생 수가 가장 많은 마을부터 순서대로 쓰면 진달래 마을, 개나리 마을, 무궁화 마을, 난초 마을입니다.

 상연이네 학교에서 학년별 휴대 전화를 가지고 있는 학생 수를 조사하여 나타낸 표입니다. 물음에 답하시오. [1~4]

〈학년별 휴대 전화를 가지고 있는 학생 수〉

| 학년 | 3 | 4 | 5 | 6 | 합계 |
|---|---|---|---|---|---|
| 학생 수(명) | 48 | 70 | 77 | 85 | 280 |

**1** 휴대 전화를 가지고 있는 학생이 가장 많은 학년은 몇 학년입니까?

**2** 휴대 전화를 가지고 있는 3학년 학생 수와 4학년 학생 수의 차를 구하시오.

**3** 상연이네 학교에서 3학년부터 6학년까지 휴대 전화를 가지고 있는 학생은 모두 몇 명입니까?

**4** 휴대 전화를 가지고 있는 학생이 가장 많은 학년과 가장 적은 학년의 학생 수의 차를 구하시오.

**핵심 응용**  표는 영수네 학교의 1학년부터 6학년까지의 반별 학생 수를 조사하여 나타낸 것입니다. ㉠, ㉡, ㉢은 각각 무엇을 나타내고 있습니까?

〈반별 학생 수〉 (단위 : 명)

| 반＼학년 | 1 | 2 | 3 | 4 | 5 | 6 | 합계 |
|---|---|---|---|---|---|---|---|
| 1 | 28 | 30 | 32 | 29 | 31 | 26 | |
| 2 | 31 | 25 | 30 | 27 | 33 | 28 | ㉠ |
| 3 | 29 | 26 | 31 | 26 | 28 | 27 | |
| 합계 | | | ㉡ | | | | ㉢ |

**생각열기**  표를 보고 여러 가지 알 수 있는 내용을 파악해 봅니다.

**풀이**  표는 1학년부터 6학년까지의 반별 학생 수를 조사하여 나타낸 것입니다. ㉠이 나타내는 내용은 [              ]을 나타내는 것이고 ㉡이 나타내는 내용은 [              ]을 나타내고, ㉢이 나타내는 내용은 [              ]을 나타냅니다.

 다음은 석기네 마을 학생들이 가장 좋아하는 운동을 조사하여 만든 표입니다. 물음에 답하시오.

[1~2]

〈좋아하는 운동〉

| 운동 | 축구 | 농구 | 수영 | 야구 | 피구 | 골프 | 배구 | 배드민턴 | 계 |
|---|---|---|---|---|---|---|---|---|---|
| 학생 수(명) | 4 | 6 | | 5 | 10 | | 7 | 9 | 53 |

**확인 1**  수영을 좋아하는 학생이 골프를 좋아하는 학생보다 4명 더 많다면, 수영을 좋아하는 학생은 몇 명입니까?

**확인 2**  가장 많은 학생들이 좋아하는 운동부터 차례로 3종목을 쓰시오.

⚉ 자료를 보고 표로 나타내기

〈좋아하는 과목〉

| 학생 | 과목 | 학생 | 과목 | 학생 | 과목 | 학생 | 과목 | 학생 | 과목 | 학생 | 과목 |
|------|------|------|------|------|------|------|------|------|------|------|------|
| 가영 | 국어 | 지혜 | 수학 | 한솔 | 수학 | 규형 | 국어 | 효근 | 체육 | 한별 | 체육 |
| 상연 | 사회 | 석기 | 사회 | 예슬 | 국어 | 웅이 | 체육 | 한솔 | 과학 | 동민 | 수학 |
| 영수 | 체육 | 용희 | 과학 | 신영 | 사회 | 대현 | 국어 | 재규 | 수학 | 지훈 | 과학 |
| 윤수 | 체육 | 주희 | 과학 | 삼식 | 수학 | 경수 | 수학 | 희영 | 과학 | 현정 | 수학 |

〈좋아하는 과목별 학생 수〉

| 과목 | 국어 | 수학 | 사회 | 과학 | 체육 | 합계 |
|------|------|------|------|------|------|------|
| 학생 수(명) | 4 | 7 | 3 | 5 | 5 | 24 |

➡ 자료를 정리하여 표로 나타내면 학생들이 가장 좋아하는 과목이 무엇인지, 합계는 얼마인지를 쉽게 알 수 있습니다.

🌱 한솔이네 학교 3학년 학생들이 가 보고 싶은 나라를 조사한 자료입니다. 물음에 답하시오. [1~3]

 Jump 도우미

〈학생들이 가 보고 싶은 나라〉

| 영국 | 미국 |
|------|------|
| 일본 | 중국 |

1 가 보고 싶은 나라별로 학생 수를 표로 나타내어 보시오.

〈가 보고 싶은 나라별 학생 수〉

| 나라 | 영국 | 미국 | 일본 | 중국 | 합계 |
|------|------|------|------|------|------|
| 학생 수(명) | | | | | |

🖍 표를 보고 알 수 있는 내용은 나라별 학생 수, 합계, 학생 수가 가장 많은 나라와 가장 적은 나라 등입니다.

2 가장 많은 학생들이 가 보고 싶은 나라는 어디입니까?

3 한솔이네 학교 3학년 학생은 모두 몇 명입니까?

핵심 응용  다음은 한초네 마을에 있는 과일 가게에서 팔고 있는 과일을 그린 그림입니다. 그림을 보고 표를 완성하시오.

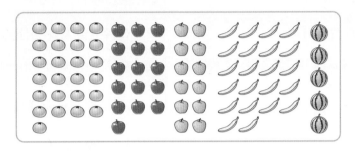

〈과일별 개수〉

| 과일 | 귤 | 사과 | 배 | | 수박 | 합계 |
|------|-----|------|-----|-----|------|------|
| 과일의 수(개) | | | | | | |

생각열기  그림의 내용을 빠짐없이 표로 나타냅니다.

풀이  과일 가게에서 팔고 있는 과일은 귤이 ☐ 개, 사과가 ☐ 개, 배가 ☐ 개 ☐ 가 ☐ 개, 수박이 ☐ 개이므로 과일 가게에서 팔고 있는 과일의 합계는 ☐ + ☐ + ☐ + ☐ + ☐ = ☐ (개)입니다.

 위의 완성된 표를 보고 물음에 답하시오. [1~3]

 1  과일 가게에서 팔고 있는 과일 중 개수가 가장 많은 과일은 무엇입니까?

 2  팔고 있는 과일의 개수가 가장 많은 것부터 차례로 과일의 이름을 쓰시오.

 3  팔고 있는 과일별 개수를 알아보려고 할 때, 그림과 표 중에서 어느 것이 더 편리합니까?

🌐 **그림그래프 알아보기**

조사한 수를 그림으로 나타낸 그래프를 그림그래프라고 합니다.

〈과수원별 사과 생산량〉

| 과수원 | 꿈 | 사랑 | 우정 |
|---|---|---|---|
| 생산량(상자) | 150 | 210 | 180 |

🌐 **그림그래프 그리기**

① 그림을 몇 가지로 나타낼 것인지 정합니다.
② 어떤 그림으로 나타낼 것인지 정합니다.
③ 조사한 수에 맞도록 그림을 그립니다.
④ 그림그래프에 알맞은 제목을 붙입니다.

〈과수원별 사과 생산량〉

| 과수원 | 사과 생산량 |
|---|---|
| 꿈 | 🍎🍎🍎🍎🍎🍎 |
| 사랑 | 🍎🍎🍎 |
| 우정 | 🍎🍎🍎🍎🍎🍎🍎🍎🍎 |

🍎 100상자
🍎 10상자

---

🌱 다음은 마을별로 신문을 보는 가구 수를 조사하여 표로 나타낸 것입니다. 물음에 답하시오. [1~4]

〈마을별 신문을 보는 가구 수〉

| 마을 | 가 | 나 | 다 | 라 | 합계 |
|---|---|---|---|---|---|
| 가구 수(가구) | 140 | 250 | 160 | 320 | 870 |

**1** 신문을 가장 많이 보는 마을은 어느 마을입니까?

**2** 표를 보고 그림그래프를 완성하시오.

〈마을별 신문을 보는 가구 수〉

| 마을 | 가구 수 |
|---|---|
| 가 | 🏠🏠🏠🏠🏠 |
| 나 | 🏠🏠🏠🏠🏠🏠🏠 |
| | |
| | |

🏠 100가구
🏠 10가구

**3** 나 마을보다 신문을 적게 보는 마을의 이름을 모두 쓰시오.

**4** 마을별 신문을 보는 가구 수를 한눈에 쉽게 비교할 수 있는 것은 표와 그림그래프 중 어느 것입니까?

Jump 도우미

그림그래프를 그릴 때는 그림 하나가 얼마의 수량을 나타내는지 분명히 하고, 정해진 단위에 따라 그림으로 나타냅니다.

# Jump 2 핵심응용하기

 **핵심 응용**

오른쪽은 각 마을에 살고 있는 3학년 학생 수를 조사하여 그림그래프로 나타낸 것입니다. 강의 동쪽에 살고 있는 3학년 학생 수와 강의 서쪽에 살고 있는 3학년 학생 수 중에서 어느 쪽 학생 수가 몇 명 더 많습니까?

〈마을별 3학년 학생 수〉

| 하늘 | 달빛 |
| 별빛 | 금빛 |
| | 은빛 |

😊 100명
◯ 50명
◦ 10명

💡 **생각 열기** 강의 동쪽에 있는 마을과 서쪽에 있는 마을을 각각 알아봅니다.

**풀이** 마을별로 3학년 학생 수를 구해 보면

(하늘 마을)=170명, (별빛 마을)=□명, (달빛 마을)=70명,

(금빛 마을)=□명, (은빛 마을)=□명입니다.

강의 동쪽에 있는 마을은 달빛 마을, 금빛 마을, □ 마을이므로

(강의 동쪽에 살고 있는 3학년 학생 수)=70+□+□=□(명)입니다.

강의 서쪽에 있는 마을은 하늘 마을, □ 마을이므로

(강의 서쪽에 살고 있는 3학년 학생 수)=170+□=□(명)입니다.

따라서 강의 동쪽과 서쪽 중에서 강의 □에 살고 있는 3학년 학생 수가

□−□=□(명) 더 많습니다.

**답** _____

 **확인 1**

마을별 나무 수를 조사하여 그림그래프로 나타낸 것입니다. 가 마을의 나무 수는 다 마을의 나무 수의 2배이고 전체 나무 수가 1280그루일 때, 그림그래프를 완성하시오.

〈마을별 나무 수〉

| 마을 | 나무 수 |
|------|---------|
| 가 | |
| 나 | 🌳🌳🌳🌲🌲 |
| 다 | |
| 라 | 🌳🌳🌳🌲🌲🌲 |

🌳 100그루
🌲 10그루

마을별 자동차 수를 조사하여 나타낸 표입니다. 물음에 답하시오. [1~2]

〈마을별 자동차 수〉

| 마을 | 매화 | 난초 | 국화 | 대나무 | 합계 |
|---|---|---|---|---|---|
| 자동차 수(대) | 2400 | 3200 | | 1900 | 11100 |

**1** 국화 마을의 자동차는 몇 대입니까?

**2** 자동차가 가장 많은 마을은 가장 적은 마을보다 몇 대나 더 많습니까?

**3** 다음은 석기네 학교 3학년 각 반 학생 수를 나타낸 것입니다. 이 학생들에게 어린이날 선물로 연필을 한 자루씩 나눠 주려고 합니다. 연필은 모두 몇 타 사야 합니까? (단, 연필은 타 단위로만 살 수 있습니다.)

| 반 | 1반 | 2반 | 3반 | 4반 | 5반 |
|---|---|---|---|---|---|
| 학생 수(명) | 27 | 29 | 25 | 27 | 26 |

**4** 다음은 가영이네 학교 3학년 학생들이 가장 좋아하는 과일을 조사하여 나타낸 표입니다. 바나나를 좋아하는 학생이 귤을 좋아하는 학생보다 23명 더 많다면, 귤을 좋아하는 학생은 몇 명입니까?

〈좋아하는 과일별 학생 수〉

| 과일 | 사과 | 바나나 | 귤 | 딸기 | 합계 |
|---|---|---|---|---|---|
| 학생 수(명) | 124 | | | 83 | 322 |

오른쪽 그림그래프는 한초네 학교에서 학년별 안경을 쓴 학생 수를 조사하여 나타낸 것입니다. 안경을 쓴 3학년 학생 수는 6학년 학생 수의 $\frac{3}{5}$이고 안경을 쓴 5학년 학생 수는 3학년 학생 수 보다 8명 더 많다고 합니다. 물음에 답하시오.

[5~7]

〈학년별 안경을 쓴 학생 수〉

| 1학년 | 2학년 | 3학년 |
|---|---|---|
| ◖◖◖◖◗◗◗◗◗ | ◖◖◖◖◗◗◗◗◗◗◗ | |
| 4학년 | 5학년 | 6학년 |
| ◖◖◖◖◖◖◗◗ | | ◖◖◖◖◖◗◗◗◗◗ |

◖ 10명  ◗ 1명

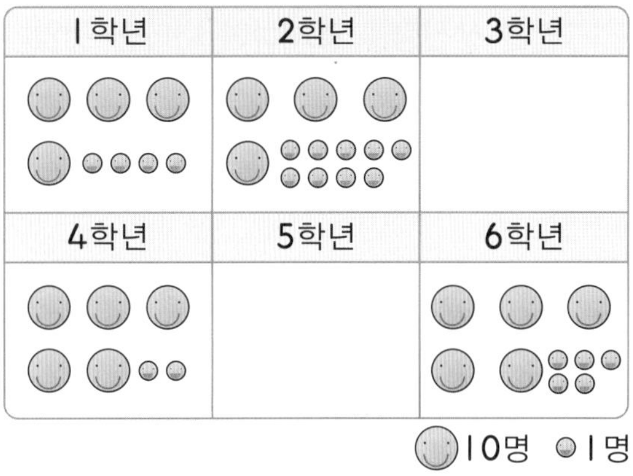

**5** 한초네 학교에서 안경을 쓴 3학년 학생은 모두 몇 명입니까?

**6** 위의 그림그래프를 완성하시오.

**7** 한초네 학교 전체 학생 수가 1020명이라고 할 때, 안경을 쓰지 않은 학생은 몇 명입니까?

**8** 다음은 마을별 콩 생산량을 조사하여 나타낸 그림그래프입니다. 전체 콩 생산량이 7500 kg이라고 할 때, 그림그래프를 완성하고, 콩 생산량이 가장 많은 마을과 가장 적은 마을의 생산량의 차를 구하시오.

〈마을별 콩 생산량〉

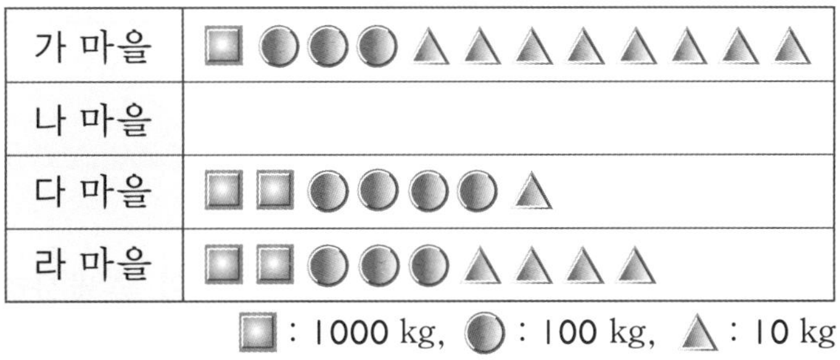

| 가 마을 | ⬜ ●●● ▲▲▲▲▲▲▲ |
|---|---|
| 나 마을 | |
| 다 마을 | ⬜⬜ ●●●● ▲ |
| 라 마을 | ⬜⬜ ●●● ▲▲▲ |

⬜ : 1000 kg, ● : 100 kg, ▲ : 10 kg

오른쪽 그림그래프는 어느 마을의 하루 동안의 과수원별 감귤 생산량을 조사하여 나타낸 것입니다. 이 감귤을 모두 300원씩 판다고 하였을 때, 물음에 답하시오.

[9~10]

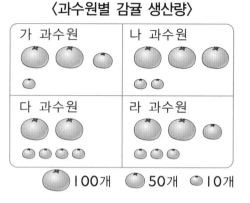

〈과수원별 감귤 생산량〉

가 과수원    나 과수원

다 과수원    라 과수원

🍊100개  🍊50개  ●10개

**9** 나 과수원에서 판 감귤의 값은 다 과수원에서 판 감귤의 값보다 얼마나 더 많겠습니까?

**10** 네 과수원에서 매일 똑같은 양의 감귤을 생산한다면 일주일 동안 네 과수원의 감귤 생산량은 모두 몇 개입니까?

**11** 마을별 보리 생산량을 조사하여 나타낸 그림그래프입니다. 금빛 마을의 보리 생산량은 별빛 마을의 보리 생산량보다 180 kg 많다고 합니다. 금빛 마을의 보리 생산량을 그림으로 나타낼 때 🌾 와 🌾 와 🌾 은 각각 몇 개씩 나타내어야 합니까?

〈마을별 보리 생산량〉

| 마을 | 생산량 |
|---|---|
| 햇빛 | 🌾🌾🌾 🌾 🌾 🌾 🌾 |
| 별빛 | 🌾🌾 🌾 🌾 🌾 🌾 🌾 🌾 |
| 달빛 | 🌾 🌾 🌾 🌾 🌾 |
| 은빛 | 🌾🌾🌾🌾🌾 |
| 금빛 | |

🌾 100 kg
🌾 10 kg
🌾 1 kg

**12** 위의 **11**번 문제에서 5개 마을에서 생산한 보리의 총생산량은 몇 kg입니까?

🌱 아파트 동별 사람 수를 조사하여 나타낸 그림그래프입니다. 물음에 답하시오. [13~14]

〈아파트 동별 사람 수〉

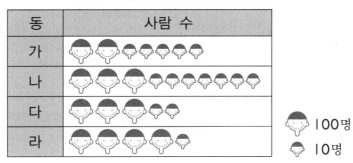

**13** 위의 그림그래프를 보고 표를 완성하시오.

〈아파트 동별 사람 수〉

| 동 | 가 | 나 | 다 | 라 | 합계 |
|---|---|---|---|---|---|
| 사람 수(명) | | | | | |

**14** 사람 수가 가장 많은 동과 가장 적은 동의 사람 수의 차는 몇 명입니까?

**15** 마을별 심은 나무 수를 조사하여 나타낸 그림그래프입니다. 강의 동쪽이 서쪽보다 심은 나무 수가 220그루가 더 많다면 샛별 마을의 심은 나무 수는 몇 그루입니까?

〈마을별 심은 나무 수〉

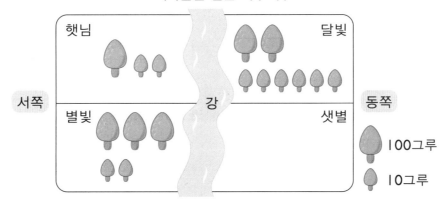

**16** 오른쪽 그래프는 지혜네 학교 3학년 학생 80명이 살고 있는 마을별 학생 수를 조사하여 나타낸 그림그래프입니다. 3학년 학생 수가 가장 많은 마을과 가장 적은 마을의 학생 수의 차는 몇 명입니까?

〈마을별 학생 수〉

| 가 마을 | 😊 😊 😊 ☺ ☺ ☺ |
|---|---|
| 나 마을 | |
| 다 마을 | 😊 😊 ☺ ☺ ☺ ☺ |

😊 10명  ☺ 1명

**17** 다음은 가영이네 가게에서 일주일 동안 판 복숭아의 수를 조사하여 그림그래프로 나타낸 것입니다. 복숭아 한 개의 가격이 750원이라면 가영이네 가게에서 일주일 동안 복숭아를 판 돈은 모두 얼마입니까?

〈일주일 동안 판 복숭아 수〉

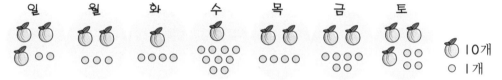

🍑 10개
◦ 1개

**18** 어느 초등학교의 3학년 각 반에서 심은 꽃의 수를 조사하여 나타낸 그림그래프입니다. 4반과 5반이 심은 꽃의 수가 320송이일 때, 1반과 4반이 심은 꽃의 수의 차는 얼마인지 구하고, 그림그래프를 완성하시오.

반별 심은 꽃의 수

| 반 | 1반 | 2반 | 3반 | 4반 | 5반 |
|---|---|---|---|---|---|
| 꽃의 수 | 🌷🌷🌷🌷 | 🌷🌷🌷🌷 | 🌷🌷🌷 | | 🌷🌷🌷🌷🌷🌷🌷 |

🌷 100송이  🌷 10송이

🌱 상연이네 모둠 학생들이 매달 모은 이웃돕기 성금을 조사하여 나타낸 그림그래프입니다. 물음에 답하시오. [19~20]

월별 이웃돕기 성금

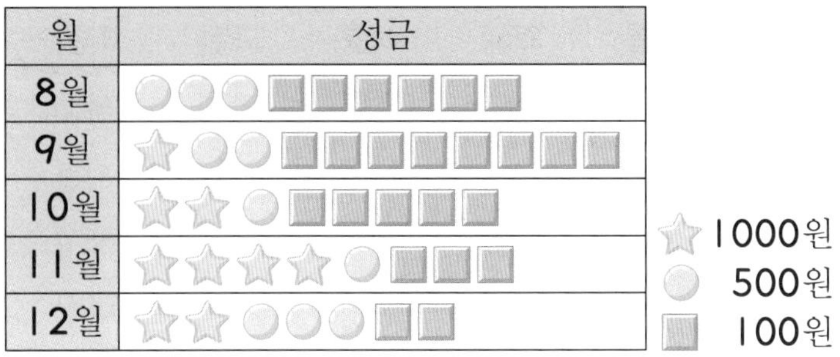

| 월 | 성금 |
|---|---|
| 8월 | ○ ○ ○ ▢ ▢ ▢ ▢ ▢ |
| 9월 | ☆ ○ ○ ▢ ▢ ▢ ▢ ▢ ▢ ▢ |
| 10월 | ☆ ☆ ○ ▢ ▢ ▢ ▢ ▢ |
| 11월 | ☆ ☆ ☆ ☆ ○ ▢ ▢ ▢ |
| 12월 | ☆ ☆ ○ ○ ○ ▢ ▢ |

☆ 1000원
○ 500원
▢ 100원

**19** 8월부터 12월까지 모은 전체 금액은 얼마입니까?

**20** 위 그림그래프를 그림의 개수가 가장 적게 사용되도록 그려 보시오.

월별 이웃돕기 성금

| 월 | 성금 |
|---|---|
| 8월 | |
| 9월 | |
| 10월 | |
| 11월 | |
| 12월 | |

☆ 1000원
○ 500원
▢ 100원

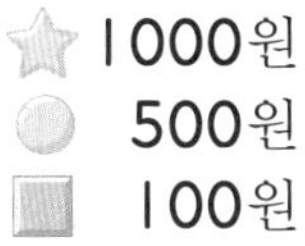

**21** 어느 지역의 자동차 대리점별 자동차 판매량을 조사하여 나타낸 그림그래프입니다. 나 대리점의 판매량은 가 대리점의 절반이고, 다 대리점의 판매량은 나 대리점보다 90대 더 많다고 합니다. 네 대리점의 자동차 판매량은 모두 몇 대인지 구하시오.

대리점별 자동차 판매량

| 대리점 | 가 | 나 | 다 | 라 |
|---|---|---|---|---|
| 판매량 | 🚗🚗🚗<br>🚗🚗🚗<br>🚗🚗 | | | 🚗🚗🚗<br>🚗🚗🚗 |

🚗 100대
🚙 10대

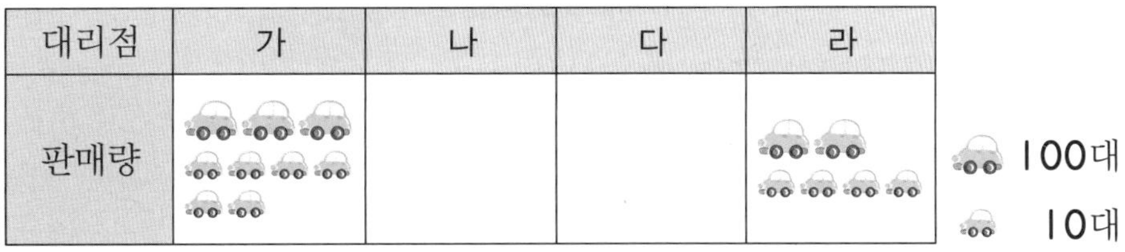

한솔이네 반 학생들이 좋아하는 과일을 조사한 것입니다. 좋아하는 과일이 모두 7종류일 때, 물음에 답하시오. [1~2]

〈좋아하는 과일〉

| 이름 | 과일 | 이름 | 과일 | 이름 | 과일 | 이름 | 과일 |
|------|------|------|------|------|------|------|------|
| 한솔 | 포도 | 효근 | 딸기 | 남희 |      | 지혁 | 배 |
| 석기 | 딸기 | 상연 | 바나나 | 지훈 |     | 정훈 | 키위 |
| 동민 | 사과 | 웅이 | 포도 | 재규 | 딸기 | 기태 |      |
| 예슬 |      | 현정 |      | 아름 | 귤 | 민진 |      |
| 가영 |      | 민종 |      | 하늘 | 배 | 율기 |      |
| 한초 | 딸기 | 주희 |      | 수진 | 귤 | 한별 | 바나나 |
| 영수 | 딸기 | 희영 | 포도 | 은정 | 귤 | 은희 | 딸기 |

**1** 과일마다 좋아하는 학생 수가 서로 다르고 포도를 좋아하는 학생이 가장 많다면, 위 자료의 빈 곳 중 포도를 써 넣을 곳은 몇 군데입니까?

**2** 과일마다 좋아하는 학생 수가 서로 다르고 배를 좋아하는 학생이 가장 많다면, 위 자료의 빈 곳 중 배를 써 넣을 곳은 몇 군데입니까?

**3** 가영이가 살고 있는 아파트의 동별 거주자 수를 조사하여 나타낸 그림그래프입니다. 아파트에 살고 있는 전체 거주자가 1230명일 때, 다동에 알맞은 그림을 그려 넣으시오.

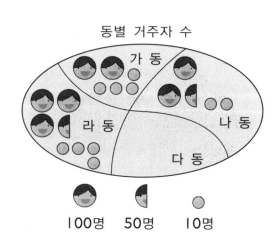

동별 거주자 수

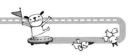

**4** 마을별 딸기 생산량을 조사하여 나타낸 그림그래프입니다. 네 마을의 딸기 생산량이 평균 **3400**상자일 때, 딸기를 가장 많이 생산한 마을과 가장 적게 생산한 마을의 생산량의 차는 몇 상자입니까?

〈마을별 딸기 생산량〉

| 마을 | 생산량 |
|------|--------|
| 가 | 🍓🍓🍓🍓🍓 🍓🍓🍓 |
| 나 | 🍓🍓🍓🍓🍓 🍓🍓🍓 |
| 다 | 🍓🍓🍓 🍓🍓🍓🍓🍓🍓 |
| 라 | |

🍓1000상자　🍓100상자　🍓10상자

**5** 어느 박물관에 하루 동안 방문한 학생 수를 조사하여 그림그래프로 나타내려고 합니다. 주어진 |조건|에 맞도록 그림그래프를 완성하시오.

〈학교별 방문한 학생 수〉

| 학교 | 학생 수 |
|------|---------|
| 유치원 | |
| 초등학교 | |
| 중학교 | 👤👤👤👤👤 👤👤👤 |
| 고등학교 | |

👤100명　👤10명

|조건|
- ㉠ 박물관을 방문한 유치원생은 250명입니다.
- ㉡ 박물관을 방문한 중학생은 고등학생의 2배입니다.
- ㉢ 박물관을 방문한 학생은 모두 1480명입니다.

**6** 영수네 학교의 학년별로 안경을 쓴 학생 수를 조사하여 표로 나타낸 것입니다. 표를 보고 그림그래프를 완성하시오.

〈학년별 안경을 쓴 학생 수〉

| 학년 | 3 | 4 | 5 | 6 | 합계 |
|------|---|----|----|---|------|
| 학생 수(명) | | 57 | 72 | | 225 |

| 학년 | 3학년 | 4학년 | 5학년 | 6학년 |
|------|-------|-------|-------|-------|
| 학생 수 | 😊😊😊😊 😊😊😊 | | | |

😊10명　😊1명

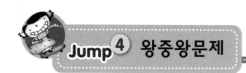
표는 한솔이네 마을 40명 학생들의 음악과 체육의 수행평가 결과를 나타낸 것입니다. 물음에 답하시오. [7~8]

〈음악과 체육의 수행평가〉 (단위 : 명)

| 음악＼체육 | 10점 | 9점 | 8점 | 7점 | 6점 | 5점 |
|---|---|---|---|---|---|---|
| 10점 | 2 | 1 | | | | |
| 9점 | 3 | 6 | ㉮ | 3 | | |
| 8점 | | | ㉯ | 4 | 3 | |
| 7점 | | | 5 | 2 | 2 | 1 |
| 6점 | | | | | | 1 |

**7** 체육 수행평가에서 8점을 받은 학생은 모두 몇 명입니까?

**8** 음악 수행평가의 총점이 330점이라면 ㉮, ㉯의 학생 수는 각각 몇 명입니까?

**9** 그래프는 석기네 학교 3학년 학생들이 반별로 일주일 동안 먹은 우유의 개수를 나타낸 것입니다. 1반 학생들이 먹은 우유의 개수는 4반 학생들이 먹은 우유의 개수의 $\dfrac{3}{4}$이고, 3학년 전체 학생들이 먹은 우유의 개수가 700개일 때, 1반과 4반 학생들이 일주일 동안 먹은 우유의 개수를 각각 구하시오.

일 주일 동안 먹은 우유의 개수

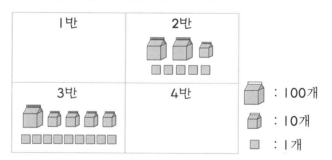

**10** 과수원별 사과 생산량을 조사하여 나타낸 그림 그래프입니다. 네 과수원의 생산량의 합은 1480상자이고, 샘물 과수원의 생산량은 냇물 과수원의 생산량보다 130상자 더 적습니다. 샘물 과수원과 냇물 과수원의 사과 생산량은 각각 몇 상자인지 구하고, 그림그래프를 완성하시오.

과수원별 사과 생산량

| 과수원 | 생산량 |
|--------|--------|
| 한우물 | 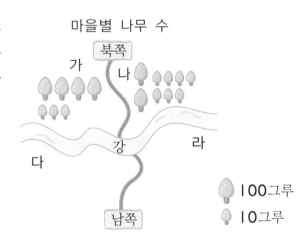 |
| 두물 | |
| 샘물 | |
| 냇물 | |

🍎100상자  🍎10상자

마을별 나무 수를 조사하여 나타낸 그림그래프입니다. 강의 북쪽에 있는 마을의 나무 수가 남쪽에 있는 마을보다 70그루 더 많고, 라 마을의 나무 수는 다 마을의 나무 수의 $\frac{4}{5}$ 입니다. 물음에 답하시오. [11~12]

마을별 나무 수

북쪽

가    나

강    라

다

남쪽

🌳100그루
🌲10그루

**11** 다 마을과 라 마을의 나무 수를 각각 구하고 그림그래프를 완성하시오.

**12** 나무 수가 가장 많은 마을과 가장 적은 마을의 나무 수의 차는 몇 그루입니까?

 다음은 가영이네 모둠 학생들의 수학과 과학 시험의 결과를 조사한 것입니다. 물음에 답하시오.

[13~14]

수학과 과학 시험 결과

| 번호 | 수학(점) | 과학(점) | 번호 | 수학(점) | 과학(점) | 번호 | 수학(점) | 과학(점) |
|---|---|---|---|---|---|---|---|---|
| 1 | 80 | 50 | 6 | 40 | 60 | 11 | 90 | 100 |
| 2 | 90 | 60 | 7 | 70 | 60 | 12 | 20 | 60 |
| 3 | 60 | 90 | 8 | 80 | 80 | 13 | 80 | 50 |
| 4 | 80 | 50 | 9 | 30 | 20 | 14 | 30 | 40 |
| 5 | 50 | 30 | 10 | 90 | 70 | 15 | 70 | 70 |

**13** 위에서 조사한 것을 보고, 표를 완성하시오.

수학과 과학 시험 결과

| 점수(점) | 0~20 | 30~40 | 50~60 | 70~80 | 90~100 |
|---|---|---|---|---|---|
| 수학(명) | | | | | |
| 과학(명) | | | | | |

**14** 과학 시험에서 70점이거나 70점보다 높은 점수를 받은 학생들은 전체의 몇 분의 몇입니까?

**15** 신영이와 친구들이 한 달에 받는 용돈을 조사하여 나타낸 그림그래프입니다. 세 가지의 그림을 사용한 그림그래프로 나타내고, 4명이 받는 용돈은 모두 얼마인지 구하시오.

신영이와 친구들의 용돈

| 이름 | 용돈 |
|---|---|
| 신영 | ◎◎◎ ●●●●● |
| 용준 | ◎◎◎◎ ●●●●●●●● |
| 선화 | ◎◎◎◎ ●●●●● |
| 준호 | ◎◎◎ ●●●●●●●● |

◎ 1000원　● 100원

➡

신영이와 친구들의 용돈

| 이름 | 용돈 |
|---|---|
| 신영 | |
| 용준 | |
| 선화 | |
| 준호 | |

◎ 1000원　○ 500원　● 100원

# 차례

떠든아이
김XX
조XX
박XX

Jump ④ 왕중왕문제

1 어느 주차장의 주차 요금은 처음 30분까지는 3000원이고, 30분이 지난 후에는 10 분마다 500원씩입니다. 이 주차장에 2시간 동안 주차했다면, 주차 요금은 얼마입 니까?

2 동물 농장에 토끼와 닭이 모두 485마리 있는데 다리를 세어 보니 1744개였습니다. 동물 농장에 있는 닭은 몇 마리입니까?

3 1+2+3+⋯+10=55일 때, 16+32+48+⋯+160의 값을 구하시오.

Jump ④ 왕중왕문제

국내 최고 수준의 고난이도 문제들 특히 문제해결력 수 준을 평가할 수 있는 양질의 문제만을 엄선하여 전국 경 시대회, 세계수학올림피아드 등 수준 높은 대회에 나가 서도 두려움 없이 문제를 풀 수 있게 하였습니다.

Jump ⑤ 영재교육원 입시대비문제

영재교육원 입시에 대한 기출문제를 비교 분석한 후 꼭 필요한 문제들을 정리하여 풀어 봄으로써 실전과 같은 연습을 통해 학생들의 창의적 사고력을 향상시켜 실제 문제에 대비할 수 있게 하였습니다.

Jump ⑤ 영재교육원 입시대비문제

1 두 자리 자연수 ㉠과 ㉡을 곱했을 때, 111, 222, 333, ⋯ 둘과 같은 숫자 로 된 세 자리 자연수가 되는 경우는 모두 몇 가지입니까? (단, ㉠×㉡과 ㉡×㉠ 은 한 가지 경우로 생각합니다.)

2 보기에서 규칙을 찾아 (32♦25)♦8의 값을 구하시오.
보기
8♦4=28  6♦5=29  7♦7=49

1. 이 책은 최근 11년 동안 연속하여 전국 수학 경시대회 대상 수상자를 지도 배출한 박명전 선생님이 집필하였 습니다. 세계적인 기록이 될만큼 많은 수학왕을 키워온 박 선생님의 점프 왕수학은 각종 시험 및 경시대회를 준비하는 예비 수학왕들의 필독서입니다.

2. 문제 해결 과정을 통해 원리와 개념을 이해하고 교과서 수준의 문제뿐만 아니라 사고력과 창의력을 필요로 하는 새로운 경향의 문제들까지 폭넓게 다루었습니다.

3. 교육과정 개정에 맞게 교재를 구성했으며 단계별 학습이 가능하도록 하였습니다.

| 80점 이상 | ▶ | 영재교육원 문제를 풀어 보세요. |
| 60점 이상~80점 미만 | ▶ | 틀린 문제를 다시 확인 하세요. |
| 60점 미만 | ▶ | 왕문제를 다시 풀어 보세요. |

**16** 어느 동물원에 하루 동안 방문한 초등학생 수를 학교별로 조사하여 그림그래프로 나타내려고 합니다. 주어진 조건 에 알맞도록 그림그래프를 완성하시오.

학교별 방문한 학생 수

| 초등학교 | 학생 수 |
|---|---|
| 초원 | |
| 한울 | |
| 신화 | 🧍🧍🧍🧍🧍🧍 |
| 용두 | |

🧍100명 🧍10명

**조건**
ㄱ 동물원을 방문한 초원 초등학교 학생은 380명입니다.

ㄴ 동물원을 방문한 한울 초등학교 학생은 용두 초등학교 학생의 2배보다 20명 많습니다.

ㄷ 동물원을 방문한 초등학생은 모두 1240명입니다.

**17** 웅이네 반 학생들이 좋아하는 동물을 조사하여 나타낸 그림그래프입니다. 그림그래프에서 1가지 동물만 좋아하는 학생은 6명, 2가지 동물을 좋아하는 학생은 7명, 3가지 동물을 좋아하는 학생은 8명, 4가지 동물을 모두 좋아하는 학생은 9명입니다. 원숭이를 좋아하는 학생은 몇 명입니까?

좋아하는 동물별 학생 수

| 동물 | 강아지 | 고양이 | 햄스터 | 원숭이 |
|---|---|---|---|---|
| 학생 수 | 😊😊<br>😊😊😊<br>😊😊 | 😊<br>😊😊😊<br>😊😊😊 | 😊😊<br>😊 | |

😊10명 😊1명

**1** 예슬이네 학교 3학년 5개 반에서 봉사활동에 참가한 학생 수를 조사하여 나타낸 표입니다. 5반의 여학생수가 4반의 여학생 수의 2배일 때 ㉠과 ㉡에 알맞은 수를 구하시오.

⟨반별 봉사활동에 참가한 학생 수⟩

| | 1반 | 2반 | 3반 | 4반 | 5반 | 합계 |
|---|---|---|---|---|---|---|
| 남 | 10 | 12 | 8 | | 10 | |
| 여 | 14 | 8 | 16 | | | 56 |
| 합계 | 24 | 20 | 24 | ㉠ | ㉡ | 110 |

**2** 석기네 반 학생 35명이 가장 좋아하는 방과후 활동을 조사하여 나타낸 그림그래프입니다. 그림그래프에 대한 설명을 읽고 바둑, 피아노, 태권도를 좋아하는 학생 수가 될 수 있는 경우는 모두 몇 가지인지 구하시오.

방과후 활동별 학생 수

| 활동 | 학생 수 |
|---|---|
| 축구 | ☺☺☺☺ |
| 바둑 | |
| 미술 | ☺☺☺☺☺ |
| 피아노 | |
| 태권도 | |

☺ 5명
☺ 1명

• 태권도를 좋아하는 학생은 피아노를 좋아하는 학생보다 많습니다.
• 태권도를 좋아하는 학생과 피아노를 좋아하는 학생의 차이는 3명보다 적습니다.
• 바둑을 좋아하는 학생은 축구를 좋아하는 학생보다 많습니다.
• 미술을 좋아하는 학생은 바둑을 좋아하는 학생보다 많습니다.

# MEMO

# MEMO

# 점프 왕수학

최상위 5%
도약을 위한

## 왕수학

최상위

3·2

# 정답과 풀이

(주)에듀왕
www.eduwang.com

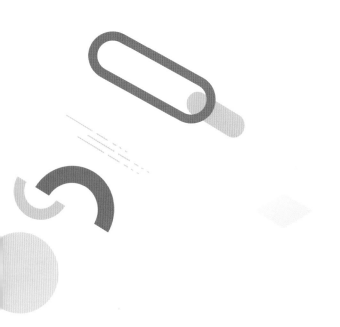

# 정답과 풀이

#  1 곱셈

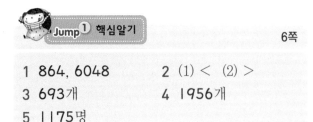
## Jump 1 핵심알기
6쪽

**1** 864, 6048      **2** (1) <   (2) >
**3** 693개      **4** 1956개
**5** 1175명

**1** $432×2=864$,
$$\begin{array}{r} \overset{4}{8}\overset{2}{6}4 \\ \times \quad 7 \\ \hline 6048 \end{array}$$

**2** (1) $413×2=826$, $224×4=896$
   ➡ $826<896$

 (2) $264×4=1056$, $321×3=963$
   ➡ $1056>963$

**3** (전체 구슬 수)=(한 상자에 들어 있는 구슬 수)
            ×(상자 수)
          =$231×3$
          =693(개)

**4** (전체 물건 수)=(화물차 한 대에 실은 물건 수)
            ×(화물차 수)
          =$326×6$
          =1956(개)

**5** (의자에 앉는 사람 수)
   =(의자 수)×(한 의자에 앉는 사람 수)
   =$235×5$
   =1175(명)

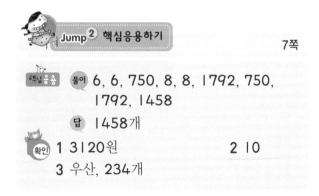
## Jump 2 핵심응용하기
7쪽

**핵심응용 풀이** 6, 6, 750, 8, 8, 1792, 750,
     1792, 1458

  **답** 1458개

 **확인** **1** 3120원      **2** 10
      **3** 우산, 234개

**1** (지혜가 가진 돈)=(영수가 가진 돈)$×4$
              $=680×4=2720$(원)
  (규형이가 가진 돈)=(지혜가 가진 돈)$+400$
              $=2720+400=3120$(원)

**2** $125×8=1000$, $225×9=2025$이므로
  $325×□$는 1000보다 크고 2025보다 작아야
  합니다.
  $325×3=975$, $325×4=1300$,
  $325×5=1625$, $325×6=1950$,
  $325×7=2275$
  따라서 □ 안에 들어갈 수 있는 가장 큰 숫자는
  6이고 가장 작은 숫자는 4이므로 $6+4=10$입
  니다.

**3** (우산의 수)=$312×6=1872$(개)
  (모자의 수)=$234×7=1638$(개)
  따라서 우산을 $1872-1638=234$(개) 더 많
  이 만들었습니다.

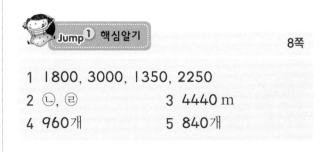
## Jump 1 핵심알기
8쪽

**1** 1800, 3000, 1350, 2250
**2** ㉡, ㉣      **3** 4440 m
**4** 960개      **5** 840개

**1** $60×30=1800$, $60×50=3000$
  $45×30=1350$, $45×50=2250$

**2** $45×70=3150$이고
  ㉠ 3600, ㉡ 2300, ㉢ 4000, ㉣ 2250입니
  다.
  따라서 계산 결과가 $45×70$보다 작은 것은
  ㉡, ㉣입니다.

**3** 1시간은 60분입니다.
  (전체 걷는 거리)=(1분에 걷는 거리)$×60$
              $=74×60=4440$(m)

**4** (전체 의자 수)=(한 줄의 의자 수)×(줄 수)
           $=48×20=960$(개)

**5** (상자에 들어 있는 사과 수)

=(한 상자에 들어 있는 사과 수)×(상자 수)
=12×70=840(개)

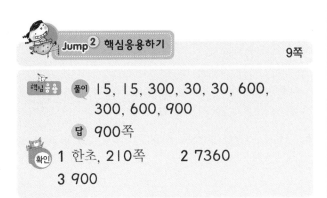

**Jump② 핵심응용하기** 　　　　　　9쪽

핵심응용 **풀이** 15, 15, 300, 30, 30, 600,
　　　　　　300, 600, 900

**답** 900쪽

**확인** 1 한초, 210쪽　　　2 7360
　　　　3 900

**1** 일주일은 7일이므로 3주일은 7×3=21(일)입니다.
(한초가 읽은 동화책의 쪽수)=21×60
　　　　　　　　　　　　　=1260(쪽)
(한솔이가 읽은 동화책의 쪽수)=21×50
　　　　　　　　　　　　　=1050(쪽)
따라서 한초가 1260−1050=210(쪽) 더 많이 읽었습니다.

**2** 어떤 수를 □라고 하면 □+80=172
➡ 172−80=□, □=92입니다.
따라서 바르게 계산하면 92×80=7360입니다.

**3** 두 수 중 한 수를 □라고 하고 수직선을 이용하여 두 수를 나타내면

□+□+25=65, □+□=40, □=20이고
다른 한 수는 20+25=45입니다.
따라서 두 수의 곱은 45×20=900입니다.

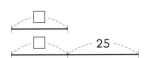

**Jump① 핵심알기** 　　　　　　10쪽

1 204, 340
2 ㉣, ㉠, ㉡, ㉢　　　3 1600개
4 3330명　　　5 1221명

**2** ㉠ 1175 ㉡ 1102 ㉢ 918 ㉣ 1978
➡ ㉣, ㉠, ㉡, ㉢

**3** (전체 호두과자 수)
=(한 봉지에 들어 있는 호두과자 수)
　×(봉지 수)
=25×64=1600(개)

**4** (버스에 앉을 수 있는 사람 수)
=(버스 한 대의 좌석 수)×(버스 수)
=45×74=3330(명)

**5** (전체 학생 수)=(모둠 수)×(한 모둠의 학생 수)
=37×33=1221(명)

**Jump② 핵심응용하기** 　　　　　11쪽

핵심응용 **풀이** 21, 21, 273, 19, 2, 19, 2, 287,
　　　　　　273, 287, 560

**답** 560명

**확인** 1 초콜릿 맛, 88개
　　　2 (1) 5, 7, 7, 1, 4 (2) 3, 2, 1, 1, 7
　　　3 3240개

**1** (초콜릿 맛 사탕 수)=23×52+9=1205(개)
(자두 맛 사탕 수)=18×63−17=1117(개)
따라서 초콜릿 맛 사탕이
1205−1117=88(개) 더 많습니다.

**2** (1)

8×㉡에서 일의 자리 숫자가 6이므로 ㉡=2 또는 7이 될 수 있습니다.
㉡=2이면 406이 될 수 없으므로 ㉡=7입니다.
㉠8×7=406이므로
㉠=5이고 58×3=1㉢4이므로 ㉢=7입니다.
따라서 406+1740=2㉣㉤6이므로
㉣=1, ㉤=4입니다.

(2)

$$\begin{array}{r} 6\;\boxed{\text{㉠}} \\ \times\quad \boxed{\text{㉡}}\;5 \\ \hline 3\;\boxed{\text{㉢}}\;5 \\ 1\;2\;6\quad \\ \hline \boxed{\text{㉣}}\;5\;\boxed{\text{㉤}}\;5 \end{array}$$

$6\boxed{\text{㉠}}\times\boxed{\text{㉡}}=126$에서
㉡$=2$, ㉠$=3$입니다.
$63\times5=315$이므로
㉢$=1$입니다.
따라서 $315+1260$
$=1575$이므로
㉣$=1$, ㉤$=7$입니다.

**3** 석기 : $36\times34=1224$(개)
가영 : $42\times48=2016$(개)
따라서 두 사람이 주은 밤은 모두
$1224+2016=3240$(개)입니다.

 **Jump³ 왕문제**

12~17쪽

| | |
|---|---|
| **1** 23 | **2** 510장 |
| **3** 3201 | **4** 8상자 |
| **5** 2880개 | **6** 4209개 |
| **7** 2893개 | **8** ■=5, ▲=4 |
| **9** 92분 | **10** 6777 |
| **11** 5330, 1508 | **12** 768 |
| **13** 5778 m | **14** 5 |
| **15** 12개 | **16** ㉮=7, ㉯=2 |
| **17** 648 L | **18** 686 |

**1** $54\times56=3024$이므로
$\square\times30=3024-2334=690$입니다.
따라서 $23\times30=690$이므로 $\square=23$입니다.

**2** (색종이 수)$=125\times8=1000$(장)
2주일은 14일이므로
(영수가 사용할 색종이 수)$=35\times14$
　　　　　　　　　　　$=490$(장)입니다.
따라서 남는 색종이는 $1000-490=510$(장)
입니다.

**3** $9★4=(9-4)\times(9+4)=5\times13=65$
$65★32=(65-32)\times(65+32)$
　　　　　$=33\times97=3201$

**4** (색연필의 수)$=48\times43=2064$(자루),
(형광펜의 수)$=3184-2064=1120$(자루)
형광펜의 상자 수를 $\square$라고 하면

$140\times\square=1120$이고 $140\times8=1120$이므로
$\square=8$(상자)입니다.
따라서 문구점에 형광펜은 8상자 있습니다.

**5** 1명이 4주일 동안 일하는 날 수는
$5\times4=20$(일)이므로
1명이 4주일 동안 만드는 물건 수는
$18\times20=360$(개)입니다.
따라서 8명이 4주일 동안 만드는 물건 수는
$360\times8=2880$(개)입니다.

**6** 3월은 31일까지 있고 4월은 30일까지 있으므
로 3월과 4월 두 달은 $30+31=61$(일)입니
다. 따라서 61일 동안 만든 세발자전거는
$23\times61=1403$(대)이고 바퀴는 모두
$1403\times3=4209$(개)입니다.

별해 하루에 만드는 바퀴 수는 $23\times3=69$
(개)이므로 61일 동안에 만드는 바퀴 수
는 $61\times69=4209$(개)입니다.

**7** 한 자리 수일 때 : $(1\sim9)$ ➡ 9개
두 자리 수일 때 : $(10\sim99)$
　　　　　　　　　➡ $90\times2=180$(개)
세 자리 수일 때 : $(100\sim999)$
　　　　　　　　　➡ $900\times3=2700$(개)
네 자리 수일 때 : $(1000)$ ➡ 4개
따라서 써야 하는 숫자는 모두
$9+180+2700+4=2893$(개)입니다.

**8** ▲×■의 일의 자리 숫자가 0이 되는 (■, ▲)는
$(2, 5)$, $(5, 2)$, $(4, 5)$, $(5, 4)$, $(5, 6)$, $(6, 5)$,
$(5, 8)$, $(8, 5)$입니다.
이 중에서 ■>▲인 경우를 찾으면
$(5, 2)$, $(5, 4)$, $(6, 5)$, $(8, 5)$이고
$52\times25=1300$, $54\times45=2430$,
$65\times56=3640$, $85\times58=4930$입니다.
따라서 두 수의 곱이 2430인 경우는 $54\times45$
이므로 ■=5, ▲=4입니다.

**9** 1 m 간격으로 자르려면 23번을 잘라야 합니다.
따라서 통나무를 자르는 데 걸리는 시간은 모두
$4\times23=92$(분)입니다.

**10** 세 자리 수의 백의 자리에 9, 한 자리 수에 7을
넣을 경우 : $953\times7=6671$
세 자리 수의 백의 자리에 7, 한 자리 수에 9를
넣을 경우 : $753\times9=6777$

따라서 곱이 가장 큰 경우는 $753 \times 9 = 6777$ 입니다.

11 (두 자리 수)×(두 자리 수)의 곱이 가장 크려면 두 수의 십의 자리 숫자는 가장 큰 수인 8과 두 번째로 큰 수인 6이어야 합니다.

따라서 $85 \times 62 = 5270$, $82 \times 65 = 5330$이 므로 가장 큰 곱은 $82 \times 65 = 5330$입니다.

(두 자리 수)×(두 자리 수)의 곱이 가장 작으려 면 두 수의 십의 자리 숫자는 가장 작은 수인 2 와 두 번째로 작은 수인 5이어야 합니다.

따라서 $26 \times 58 = 1508$, $28 \times 56 = 1568$이 므로 가장 작은 곱은 $26 \times 58 = 1508$입니다.

12 $24 \times 2 \times 13 = 48 \times 13$

$6 \times 8 \times 16 = 48 \times 16$

$16 \times 3 \times 14 = 48 \times 14$

따라서 곱이 가장 큰 식의 곱은

$6 \times 8 \times 16 = 768$입니다.

13 (버스가 터널을 완전히 통과하는 데 움직인 거 리)=(버스의 길이)+(터널의 길이)입니다.

버스가 터널을 완전히 통과하는 데 움직인 거리 는 $965 \times 6 = 5790$(m)이고, 버스의 길이는 $12$ m이므로 터널의 길이는

$5790 - 12 = 5778$(m)입니다.

14 $123 \times 7 = 861$, $123 \times 8 = 984$,

$20 \times 123 = 2460$이므로

주어진 식은 $861 + 984$

$= 2460 - (\square \times 123)$입니다.

$\square \times 123 = 2460 - 1845 = 615$에서 $\square = 5$ 입니다.

별해 $(123 \times 7) + (123 \times 8)$

$= 123 \times (7+8) = 123 \times 15$입니다.

$(20 \times 123) - (\square \times 123)$

$= (20 - \square) \times 123$입니다.

따라서 $123 \times 15 = (20 - \square) \times 123$에서

$15 = 20 - \square$, $\square = 20 - 15 = 5$입니다.

15 $200 = 1 \times 200$, $200 = 2 \times 100$,

$200 = 4 \times 50$, $200 = 5 \times 40$,

$200 = 8 \times 25$, $200 = 10 \times 20$

따라서 ㉮가 될 수 있는 자연수는 1, 2, 4, 5, 8, 10, 20, 25, 40, 50, 100, 200으로 12 개입니다.

16 ㉮$\times 8 = $●6이므로 ㉮는 2, 7이 될 수 있습니다.

$5 \times$㉯는 15보다 작거나 같아야 하므로 ㉯는 1, 2, 3이라고 예상할 수 있습니다.

㉯가 1이라고 할 때 5㉮보다 큰 60과 18보다 큰 20의 곱 $60 \times 20 = 1200$이므로 ㉯는 1보 다 큰 숫자입니다.

㉯가 2라고 할 때 $52 \times 28 = 1456$,

$57 \times 28 = 1596$이므로 5㉮×㉯8$= 1596$에 서 ㉮$= 7$, ㉯$= 2$입니다.

17 한 시간은 60분입니다.

$3 \times 20 = 60$이므로 ㉮ 수도꼭지로 한 시간 동 안 받은 물의 양은 $18 \times 20 = 360$(L)입니다.

$5 \times 12 = 60$이므로 ㉯ 수도꼭지로 한 시간 동안 받은 물의 양은 $24 \times 12 = 288$(L)입니다.

따라서 2개의 수도꼭지로 한 시간 동안 받은 물 의 양은 $360 + 288 = 648$(L)입니다.

18 11부터 38까지 수의 개수는 $38 - 10 = 28$(개) 이고 가장 작은 수와 가장 큰 수의 합, 두 번째 작은 수와 두 번째 큰 수의 합, 세 번째 작은 수 와 세 번째 큰 수의 합, ……은 모두 49로 같습 니다.

28개의 수가 둘씩 짝지으면 14쌍이므로 주어진 수의 합은 $49 \times 14 = 686$입니다.

### Jump 4 왕중왕문제

18~23쪽

| | |
|---|---|
| 1 7500원 | 2 98마리 |
| 3 880 | 4 3 |
| 5 3850 | 6 1029 |
| 7 22개 | 8 2755초 |
| 9 126 | 10 608 |
| 11 12 | 12 784 |
| 13 18 | 14 40장 |
| 15 4 | 16 220 |
| 17 272 m | 18 432번 |

1 2시간은 120분입니다. 이중 처음 30분은 주차 요금이 3000원이고 나머지 90분의 주차 요금 은 $500 \times 9 = 4500$(원)이므로 전체 주차 요금 은 $3000 + 4500 = 7500$(원)입니다.

**2** 닭의 다리는 2개이고 토끼의 다리는 4개입니다. 485마리가 모두 토끼라고 생각하면 다리 수는 $485 \times 4 - 1744 = 196$(개)가 부족합니다. 따라서 (닭의 수)$\times 2 = 196$(개)이고 $98 \times 2 = 196$이므로 닭은 98마리입니다.

**3** $16 + 32 + 48 + \cdots + 160$
$= (16 \times 1) + (16 \times 2) + (16 \times 3) + \cdots$
$\qquad + (16 \times 10)$이므로
$16 \times (1 + 2 + 3 + \cdots + 10)$의 값과 같습니다.
따라서 $16 \times 55 = 880$입니다.

**4** 7을 한 번, 두 번, 세 번, … 곱했을 때의 일의 자리 숫자를 구해 보면,
한 번 : ⑦, 두 번 : $7 \times 7 = 49$로부터 ⑨,
세 번 : $9 \times 7 = 63$으로부터 ③,
네 번 : $3 \times 7 = 21$로부터 ①,
다섯 번 : $1 \times 7 = 7$로부터 ⑦, … 즉 일의 자리 숫자는 7, 9, 3, 1이 반복됨을 알 수 있습니다.
$75 = 4 \times 18 + 3$으로부터 7을 75번 곱했을 때 일의 자리 숫자는 7을 3번 곱했을 때 일의 자리 숫자와 같은 3입니다.

**5** 어떤 수를 □라 하면 (□$\times 40$) $-$ (□$\times 30$)
$= 550$입니다. 이때, □$\times 40$은 □씩 40묶음,
□$\times 30$은 □씩 30묶음과 같으므로
(□씩 40묶음) $-$ (□씩 30묶음) $= 550$,
(□씩 10묶음) $= 550$이므로 □$= 55$입니다.
따라서 $55 \times 70 = 3850$입니다.

**6** 두 번째 수는 $2 + 13$,
세 번째 수는 $2 + 13 + 13$,
네 번째 수는 $2 + 13 + 13 + 13$입니다.
따라서 80번째 수는
$\underbrace{2 + 13 + 13 + \cdots + 13}_{79번} = 2 + 13 \times 79$
$= 1029$
입니다.

**7** $10 \times 10 = 100$, $11 \times 11 = 121$,
$12 \times 12 = 144$, …, $30 \times 30 = 900$,
$31 \times 31 = 961$, $32 \times 32 = 1024$
따라서 세 자리 수인 제곱수는 $10 \times 10 = 100$부터 $31 \times 31 = 961$까지이므로
모두 $31 - 10 + 1 = 22$(개)입니다.

**8** 10도막으로 자르기 위해서는 9번을 잘라야 하고 쉬는 시간은 8번입니다.

(걸린 시간) $= 275 \times 9 + 35 \times 8$
$\qquad\qquad = 2475 + 280 = 2755$(초)

**9** • 곱이 가장 작은 (두 자리 수)$\times$(두 자리 수) :
십의 자리에 2, 6을 넣고 나머지 0, 7을 일의 자리에 넣습니다.
$27 \times 60 = 1620$, $20 \times 67 = 1340$이므로 $20 \times 67 = 1340$인 경우 곱이 가장 작습니다.
• 곱이 가장 작은 (세 자리 수)$\times$(한 자리 수) :
세 자리 수의 백의 자리와 한 자리 수에는 0이 올 수 없으므로 2, 6을 넣고 세 자리 수의 십의 자리에 0, 일의 자리에 7을 넣습니다.
$207 \times 6 = 1242$, $607 \times 2 = 1214$이므로 $607 \times 2 = 1214$인 경우 곱이 가장 작습니다.
따라서 두 곱의 차는 $1340 - 1214 = 126$입니다.

**10** 처음 두 자리 수를 ㉠㉡이라 하면 십의 자리와 일의 자리 숫자를 바꾼 수는 ㉡㉠입니다.
㉡㉠$\times 7 = 581$에서 ㉠$\times 7 = $●1이므로 ㉠$= 3$이고, $3 \times 7 = 21$이므로 ㉡$\times 7 = 56$에서 ㉡$= 8$입니다.
따라서 처음 두 자리 수는 38이므로 $38 \times 16 = 608$입니다.

**11** ㉮를 4번 더한 것은 ㉯에 가장 작은 수인 0을 넣는 경우인 13보다 크고 ㉯에 가장 큰 수인 9를 넣는 경우인 22보다 작아야 하므로 ㉮는 4, 5가 될 수 있습니다.
㉮$= 4$인 경우 $16 = $㉯$+ 13$에서 ㉯$= 3$이므로 $14 \times 33 = 462$가 되어 조건에 맞지 않습니다.
㉮$= 5$인 경우 $20 = $㉯$+ 13$에서 ㉯$= 7$이므로 $15 \times 37 = 555$가 되어 조건에 맞습니다.
따라서 ㉮와 ㉯의 합은 $5 + 7 = 12$입니다.

**12** 첫 번째와 두 번째 조건에서 세 자리 수이고, 제곱수이므로 조건을 만족하는 수는 두 자리 수를 두 번 곱해 얻어진 수입니다. 이 두 자리 수를 ㉠㉡이라고 하면 세 번째와 네 번째 조건에서 ㉠㉡$\times$㉠㉡$= 7$●4입니다.
㉡$\times$㉡이 4 또는 ●4인 경우는 $2 \times 2 = 4$, $8 \times 8 = 64$이고, ㉠$\times$㉠이 7보다 작아야 하므로 ㉠은 1, 2가 될 수 있습니다.
$12 \times 12 = 144$, $22 \times 22 = 484$,
$18 \times 18 = 324$, $28 \times 28 = 784$이므로 조건을 만족하는 수는 784입니다.

**13**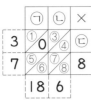

⑧은 6이므로 ⓒ은 2 또는 7 입니다. ⓒ이 2일 때 ⑦은 1 이고, ④와 ⑥은 짝수가 되어 ④+1+⑥이 18이 되는 경 우가 없으므로 ⓒ은 7이고, ⑦은 5입니다.

①은 3이므로 ㉠×ⓒ=30을 만족하는 ㉠×ⓒ 은 6×5=30, 5×6=30입니다. ㉠이 6이고 ⓒ이 5일 때 ③은 3, ④는 5입니다.

또한 6×8=48에서 ⑤는 4, ⑥은 8입니다.

이때 3+0+4=7, 5+5+8=18을 만족하 므로 ㉠은 6, ㉡은 7, ㉢은 5입니다.

따라서 6+7+5=18입니다.

**14**

걷어낸 색종이 수는
600−507=93(장)입니다.
(가로)×2+(세로)−2
=93에서
(가로)×2+(세로)=95이므로
가로 한 줄과 세로 한 줄에 놓인 색종이 수의 합 은 95보다 작습니다.

| 가로 | … | 60 | 50 | 40 | 30 | 25 |
|------|---|----|----|----|----|----|
| 세로 | … | 10 | 12 | 15 | 20 | 24 |
| 곱 | 600 | 600 | 600 | 600 | 600 | 600 |

〈표〉에서 (가로)×2+(세로)=95인 경우는 가 로가 40, 세로가 15일때입니다.

따라서 처음 가로에는 40장의 색종이를 놓았습 니다.

**15** 덧셈식에서 ㉠=7, ㉡=2, ㉢=3, ㉣=8입니다.
곱셈식에서 76×23=1748이므로 ㉤은 4입니 다.

**16** 가운데 수는 밖에 있는 4개의 수의 합에 4배 한 수와 같습니다.
(2+3+5+1)×4=44,
(5+6+4+10)×4=100
따라서 ㉮=(8+12+15+20)×4=220입니 다.

**17** 마주 보고 심어져 있는 나 무 사이에
3+5−1=7(그루)가 있 으므로 공원 둘레에 심어 져 있는 나무는

7×2+2=16(그루)입니다.
➡ (공원의 둘레)=(간격의 길이)
×(나무 사이의 간격 수)
=17×16=272(m)

**18** ㉮ 상자의 구슬의 개수: 243×8=1944(개)
㉯ 상자의 구슬의 개수: 144×6=864(개)
상연이가 ㉯ 상자에서 8개씩 꺼낸 횟수를 ㉠㉡ ㉢, 예슬이가 ㉮ 상자에서 6개씩 꺼낸 횟수를 ㉣㉤㉥이라 하면

$$
\begin{array}{r}
㉠㉡㉢ \\
\times\quad 8 \\
\hline
8\,6\,4
\end{array}
\qquad
\begin{array}{r}
㉣㉤㉥ \\
\times\quad 6 \\
\hline
1\,9\,4\,4
\end{array}
$$

따라서 ㉠㉡㉢=108이고 ㉣㉤㉥=324이므로 상연이와 예슬이가 꺼낸 횟수의 합은
108+324=432(번)입니다.

**Jump⁵ 영재교육원 입시대비문제**     **24쪽**

| 1 7가지 | 2 5559 |
|---------|---------|

**1** 111=3×37 ⎤ 두 자리 자연수끼리의
222=2×3×37 ⎬ 곱으로 나타낼 수 없습
333=3×3×37 ⎦ 니다.
444=4×3×37=12×37
555=5×3×37=15×37
666=6×3×37=18×37
777=7×3×37=21×37
888=8×3×37=24×37=12×74
999=9×3×37=27×37
따라서 조건에 맞는 경우는 모두 7가지입니다.

**2** 8◆4=8×4−(8−4)=28
6◆5=6×5−(6−5)=29
7◆7=7×7−(7−7)=49
즉, 두 수의 곱에서 두 수의 차를 빼는 규칙입니다.
32◆25=32×25−(32−25)
=800−7=793
793◆8=793×8−(793−8)
=6344−785=5559

# 2 나눗셈

26쪽

### Jump 1 핵심알기

| | |
|---|---|
| 1  22 | 2  (1) < (2) > |
| 3  10명 | 4  20개 |
| 5  32개 | |

2  (1) 60÷3=20, 68÷2=34 ➡ 20<34
   (2) 70÷5=14, 99÷9=11 ➡ 14>11

3  (사람 수)=(색종이 수)
         ÷(한 사람이 갖게 되는 색종이 수)
       =70÷7=10(명)

4  (한 사람이 먹을 수 있는 사탕 수)
     =(사탕 수)÷(사람 수)
     =80÷4=20(개)

5  (봉지 수)
     =(전체 귤의 수)÷(한 봉지에 담는 귤의 수)
     =96÷3=32(개)

### Jump 2 핵심응용하기

27쪽

핵심응용  풀이  39, 13, 40, 10, 13, 10, 23
        답  23개

확인  1  8명          2  14개
     3  돼지, 1마리

1  연필을 받는 학생은 80÷4=20(명)입니다.
   따라서 연필을 받지 못하는 학생은
   28-20=8(명)입니다.

2  한별이네 학교 3학년 1반과 2반의 학생은 모두
   27+29=56(명)입니다.
   따라서 필요한 의자의 수는 56÷4=14(개)입
   니다.

3  (돼지의 수)=84÷4=21(마리)
   (닭의 다리 수)=(돼지의 다리 수)-44
             =84-44=40(개)

(닭의 수)=40÷2=20(마리)
따라서 돼지가 21-20=1(마리) 더 많습니다.

### Jump 1 핵심알기

28쪽

| | |
|---|---|
| 1  ㉡, ㉣, ㉢, ㉠ | 2  6개, 4개 |
| 3  5장, 3장 | 4  16접시, 1개 |
| 5  2자루 | |

1  ㉠ 45÷5=9      ㉡ 59÷6=9…5
   ㉢ 13÷4=3…1    ㉣ 26÷3=8…2
   ➡ ㉡, ㉣, ㉢, ㉠

2  46÷7=6…4
   따라서 한 사람이 6개씩 먹게 되고 4개 남습니
   다.

3  28÷5=5…3
   따라서 한 묶음에 5장씩 묶어야 하고 3장 남습
   니다.

4  65÷4=16…1
   따라서 빵은 모두 16접시가 되고 1개 남습니
   다.

5  74÷6=12…2
   따라서 석기가 가진 볼펜은 2자루입니다.

### Jump 2 핵심응용하기

29쪽

핵심응용  풀이  96, 32, 32, 16, 16, 16, 16,
        16, 48
        답  48 cm

확인  1  19개
     2  (1) 1, 6, 7, 6, 7, 2
        (2) 1, 8, 4, 7, 4, 3, 2
     3  1개

1 색연필은 모두 $44+49=93$(자루)이고 색연필 93자루를 연필꽂이 한 개에 5자루씩 꽂습니다. $93÷5=18…3$이므로 연필꽂이 한 개에 5자루씩 18개에 꽂으면 3자루가 남습니다.
따라서 남은 3자루도 꽂아야 하므로 연필꽂이는 적어도 $18+1=19$(개) 필요합니다.

3 $83÷6=13…5$이므로 감을 친구 한 명에게 13개씩 나누어 주면 5개가 남습니다.
따라서 6명에게 남김없이 똑같이 나누어 주려면 감을 적어도 $6-5=1$(개) 더 따야 합니다.

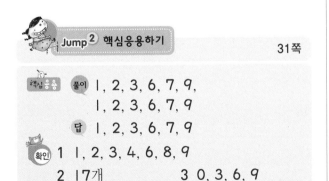

**Jump 1 핵심알기**

30쪽

1 5, 7, 3, 5          2 3
3 27명               4 192명

2 $140÷7=20$이므로 13□$=7×19=133$에서 □$=3$입니다.

3 $(18×6)÷4=27$(명)

4 연필 1타는 12자루이므로 80타는 $12×80=960$(자루)입니다. 한 명에게 5자루씩 나누어 주면 모두 $960÷5=192$(명)까지 나누어 줄 수 있습니다.

**Jump 2 핵심응용하기**

31쪽

핵심응용 풀이 1, 2, 3, 6, 7, 9,
1, 2, 3, 6, 7, 9
답 1, 2, 3, 6, 7, 9
확인 1 1, 2, 3, 4, 6, 8, 9
2 17개          3 0, 3, 6, 9

1 $144÷1=144$, $144÷2=72$,
$144÷3=48$, $144÷4=36$,
$144÷6=24$, $144÷8=18$,
$144÷9=16$

따라서 나누어떨어지게 하는 한 자리 수는 1, 2, 3, 4, 6, 8, 9입니다.

2 $102÷6=17$, $198÷6=33$이므로 6으로 나눌 때 몫이 17인 수부터 33까지의 수이므로 $33-17+1=17$(개)입니다.

3 $204÷6=34$, $234÷6=39$, $264÷6=44$ $294÷6=49$이므로 □ 안에 들어갈 숫자는 0, 3, 6, 9입니다.

**Jump 1 핵심알기**

32쪽

1 6, 7, 3, 5, 7, 50, 4, 2, 7, 6, 3
2 ㉢, ㉠, ㉣, ㉠
3 $253÷8=31…5 / 31, 5$

2 ㉠ $372÷5=74…2$   ㉡ $376÷6=62…4$
㉢ $377÷7=53…6$   ㉣ $379÷8=47…3$

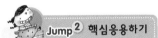

**Jump 2 핵심응용하기**

33쪽

핵심응용 풀이 8, 6, 5, 3, 288, 1, 3, 5, 6, 8,
44, 4, 288, 44, 244
답 244
확인 1 2, 9          2 583
3 43, 1

1 □ 안의 숫자가 0이라 하면 $480÷7=68…4$이므로 나머지가 6이 되는 수는 $480+2=482$, $482+7=489$입니다.

2 □가 가장 큰 수가 되려면 ★이 가장 큰 7일 때입니다.
□$=72×8+7=583$

3 어떤 수를 □라 하면 □$÷9=28…7$에서 □$=28×9+7=259$입니다.
따라서 바르게 계산하면 $259÷6=43…1$입니다.

**Jump³ 왕문제**

| | |
|---|---|
| 1 21쪽 | 2 몫 : 62, 나머지 : 5 |
| 3 11개 | 4 (1) 546  (2) 1530 |
| 5 32 cm | 6 35 |
| 7 흰색 | 8 53개 |
| 9 84 | 10 25개 |
| 11 85 | 12 192 g |
| 13 90 | 14 7 |
| 15 1 | 16 12살 |
| 17 499 | 18 2, 6, 4, 3 |

1 (책의 전체 쪽수)=12×7=84(쪽)
  (한별이가 하루에 읽은 쪽수)=84÷4=21(쪽)

2 (어떤 수)=3×125+2=377
  따라서 바르게 계산하면 377÷6=62…5이므
  로 몫은 62, 나머지는 5입니다.

3 □÷8=△…5

| △ | 1 | 2 | 3 | … | 10 | 11 | 12 |
|---|---|---|---|---|---|---|---|
| □ | 13 | 21 | 29 | … | 85 | 93 | 101 |

  따라서 두 자리 수는 13부터 93까지 11개입니
  다.

4 (1) (39÷3)×(39+3)=13×42=546
  (2) (85÷5)×(85+5)=17×90=1530

5 굵은 선의 길이는 작은 정사각형의 한 변 16개
  로 이루어져 있습니다.
  따라서 (굵은 선의 길이)=(작은 정사각형의 네
  변의 길이의 합)×4이므로 작은 정사각형의 네
  변의 길이의 합은 128÷4=32(cm)입니다.

6 ■÷●=7 ➡ ■=●×7
  ●÷▲=5 ➡ ●=▲×5
  ■=●×7=(▲×5)×7=▲×35
  ➡ ■÷▲=35
  따라서 ■를 ▲로 나눈 몫은 35입니다.

7 7개씩 반복되는 규칙입니다.
  따라서 97÷7=13…6이므로 97번째에 놓일
  바둑돌은 6번째에 놓인 바둑돌과 같은 흰색입
  니다.

8 30보다 크고 60보다 작은 수 중에서 6으로 나
  누었을 때 나머지가 5인 수는 6×5+5=35,

6×6+5=41, 6×7+5=47,
6×8+5=53, 6×9+5=59입니다.
이 중에서 7로 나누었을 때 나머지가 4인 경우
는 53÷7=7…4이므로 지우개는 모두 53개
입니다.

9 ㉠÷㉡=7 ➡ ㉠=㉡×7
  ㉡÷㉢=12 ➡ ㉡=㉢×12
  따라서 ㉠=㉢×12×7=㉢×84이므로
  ㉠÷㉢=84입니다.

10 500÷8=62…4이므로 501÷8=62…5입
  니다.
  700÷8=87…4이므로 693÷8=86…5입
  니다.
  따라서 나머지가 5가 되는 수는
  86−62+1=25(개)입니다.

11 4와 7로 각각 나누어떨어지는 두 자리 수는 28,
  56, 84이고, 나머지가 1인 수는 이 수들에 1을
  더한 수이므로 29, 57, 85입니다. 이 중에서 5
  로 나누어떨어지는 수는 85입니다.

12 (쿠키 3개의 무게)
  =(쿠키 8개와 접시의 무게)
    −(쿠키 5개와 접시의 무게)
  =400−322=78(g)
  (쿠키 1개의 무게)=78÷3=26(g)
  따라서 쿠키 5개의 무게는 26×5=130(g)이
  므로 빈 접시의 무게는 322−130=192(g)
  입니다.

13 어떤 수가 3과 5로 나누어떨어진다면 15로도
  나누어떨어집니다.
  따라서 15로 나누어떨어지는 수 중에서 가장
  큰 두 자리 수는 99÷15=6…9이므로
  15×6=90입니다.

14
  합이 44입니다.
  따라서 ㉯는 (44−2)÷6=7입니다.

15 ㉮÷㉯=8…9 ➡ ㉮=㉯×8+9이므로
  ㉮÷8=(㉯×8+9)÷8에서 ㉯×8은 8로 나
  누어떨어지고 9는 8로 나누면 나머지가 1입니다.
  따라서 ㉮를 8로 나누었을 때 나머지는 1입니다.

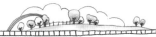

16 (할머니의 연세)=(형과 동생의 나이의 합)×4
이므로 형과 동생의 나이의 합은
72÷4=18(살)입니다.

형 ┣━━━┿━━━┥
동생 ┣━━━┥ ⎫ 합은 18살입니다.

따라서 형의 나이는 18÷3×2=12(살)입니다.

17 500÷9=55…5이므로 나머지가 1 작은 수
인 4가 되려면 500−1=499,
499+9=508입니다.
이 중에서 500에 더 가까운 수는 499입니다.

18 27÷4=6…3, 27÷6=4…3이 될 수 있습니다.
그런데 나누는 수가 몫보다 커야 하므로
27÷6=4…3이 됩니다.

**Jump 4 왕중왕문제**                        40~45쪽

| | |
|---|---|
| 1 87개 | 2 24, 84 |
| 3 77자루 | 4 89, 98 |
| 5 27, 51, 75, 99 | 6 목요일 |
| 7 ㉠=2, ㉡=3 | 8 몫 : 13, 나머지 : 5 |
| 9 80 | 10 2 |
| 11 6 | 12 424 |
| 13 100 | 14 48분 |
| 15 7 | 16 5가지 |
| 17 120명 | 18 218개 |

1
효근이가 가진 구슬 수
┣━━━━━━━┿━━┿━━━┥
  □×6    15   33
┗━━ □×10 ━━┛

효근이의 친구 수를 □라 하면
(□×10−□×6)=15+33, □×4=48,
□=12(명)입니다.
따라서 효근이가 가지고 있는 구슬은 모두
12×6+15=87(개)입니다.

2 3과 4로 나누어떨어지는 두 자리 수는 12,
24, 36, 48, 60, 72, 84, 96입니다. 이 중에서 5로 나누면 나머지가 4인 두 자리 수는 24,
84입니다.

3 연필 4타는 12×4=48(자루),
9타는 12×9=108(자루)이므로 48보다 크고
108보다 작은 수 중에서 7로 나누어떨어지는
수는 49, 56, 63, 70, 77, 84, 91, 98, 105
입니다. 이 중에서 9로 나누었을 때 나머지가 5
인 수는 77이므로 예슬이가 가지고 있는 연필
은 모두 77자루입니다.

4 나머지가 8이므로 나누는 수 □는 8보다 큰 수
입니다.
□가 9일 때 어떤 수는 9×9+8=89
□가 10일 때 어떤 수는 10×9+8=98
□가 11일 때 어떤 수는 11×9+8=107
따라서 어떤 수 중 두 자리 수는 89, 98입니다.

5 두 자리 수 중 12로 나누면 나머지가 3인 수는
15, 27, 39, 51, 63, 75, 87, 99입니다.
이 중에서 8로 나누면 나머지가 3인 수는 27,
51, 75, 99입니다.

6 첫 번째 수요일의 날짜를 □라 하면
수요일이 4번 있는 경우 :
(날짜의 합)=□+□+7+□+14+□+21
=85입니다.
4×□=85−42=43, □=43÷4=10…3
이므로 □의 값을 구할 수 없습니다.

수요일이 5번 있는 경우 :
(날짜의 합)
=□+□+7+□+14+□+21+□+28
=85입니다.
5×□=85−70=15, □=15÷5=3이므로
첫 번째 수요일은 3일입니다.
따라서 12월의 수요일은 3일, 10일, 17일, 24
일, 31일이고 크리스마스인 25일은 목요일입니다.

7 ㉠에 올 수 있는 숫자 : 1, 2, 3
㉡에 올 수 있는 숫자 : 0, 1, 2, 3, 4
만들 수 있는 두 자리 수 ㉠㉡ : 10, 12, 13,
14, 20, 21, 23, 24, 30, 31, 32, 34

이 중에서 6으로 나누었을 때 나머지가 5인 수를 찾으면 $23\div6=3\cdots5$에서 23이므로 ㉠=2, ㉡=3입니다.

8  어떤 수를 □라 하면 $58\div□=9\cdots4$
➡ $□\times9+4=58$, $□\times9=54$,
$□=54\div9=6$입니다.
따라서 83을 어떤 수 6으로 나누면
$83\div6=13\cdots5$이므로 몫은 13, 나머지는 5입니다.

9  ㉠$\div$㉡$=9$에서 ㉠$=$㉡$\times9$이므로
㉠$\times$㉡$=576$에서 ㉡$\times9\times$㉡$=576$이고
㉡$\times$㉡$=576\div9=64$입니다.
따라서 ㉡$=8$이고 ㉠은 $8\times9=72$이므로
㉠$+$㉡$=72+8=80$입니다.

10
```
      □3
  ㉡)9㉠
      8
    ─────
    1㉠
    1㉠
    ─────
      0
```
㉡$\times3=1$㉠이므로 $4\times3=12$,
$5\times3=15$, $6\times3=18$에서
㉡은 4, 5, 6 중의 하나입니다.
이 중 ㉡$\times$□$=8$을 만족시키는
㉡은 4입니다.
따라서 ㉠은 2입니다.

11  $67\div9=7\cdots4$, $69\div7=9\cdots6$
$76\div9=8\cdots4$, $79\div6=13\cdots1$
$96\div7=13\cdots5$, $97\div6=16\cdots1$
따라서 나머지가 가장 큰 나눗셈의 나머지는 6입니다.

12  ㉮$\div$㉯$=6\cdots5$에서 ㉮$=$㉯$\times6+5$
㉮$-$㉯$=45$에서 ㉯$\times6+5-$㉯$=45$
㉯$\times5=40$, ㉯$=40\div5=8$
㉮$=8\times6+5=53$
따라서 ㉮$\times$㉯$=53\times8=424$입니다.

13  만들 수 있는 두 자리 수 : 25, 27, 29, 52, 57, 59, 72, 75, 79, 92, 95, 97
3으로 나누어떨어지는 수 : 27, 57, 72, 75
5로 나누어떨어지는 수 : 25, 75, 95
따라서 ㉮$=75$, ㉯$=25$이므로
㉮$+$㉯$=75+25=100$입니다.

별해  3으로 나누어떨어지는 수는 각 자리 숫자의 합이 3으로 나누어떨어지고,
5로 나누어떨어지는 수는 일의 자리 숫자

가 0 또는 5라는 특징을 가지고 있습니다.

14  통나무를 8도막으로 자르려면 7번을 잘라야 하고 5도막으로 자르려면 4번을 잘라야 합니다.
1시간 24분$=84$분이므로 (한 번 자르는 데 걸리는 시간)$=84\div7=12$(분)입니다.
따라서 통나무를 5도막으로 자르는 데 걸리는 시간은 $12\times4=48$(분)입니다.

15  가로 칸의 수들의 합이 세로 칸의 수들의 합의 2배이고, 이때 ㉮는 중복되므로
(전체 7개의 수의 합$+$㉮)는 3으로 나누어떨어져야 합니다.
1부터 7까지의 자연수의 합은 28이므로
$(28+$㉮$)$가 3으로 나누어떨어지려면
㉮$=2$, 5, 8, ……
따라서 1부터 7까지의 자연수 중에서 ㉮에 들어갈 수 있는 수는 2 또는 5이므로 합은
$2+5=7$입니다.

16  ㉮와 ㉯는 9보다 크고 18보다 작은 자연수이므로 10, 11, 12, 13, 14, 15, 16, 17 중의 하나의 수입니다.
따라서 ㉮$+$㉯의 합이 될 수 있는 경우는 21, 22, 23, 24, 25, 26, 27, 28, 29, 30, 31, 32, 33입니다. 이 중 3으로 나누어떨어지는 수는 21, 24, 27, 30, 33이므로 5가지입니다.

17  100보다 크고 140보다 작은 수 중 8로 나누어떨어지는 수는 104, 112, 120, 128, 136이고 이 수들은 4로도 나누어떨어집니다. 이 수 중 6으로 나누어떨어지는 수는 120이고 120은 2 또는 3으로도 나누어떨어집니다. 따라서 학생은 120명입니다.

18  $200\div6=33\cdots2$이므로 200보다 크고 230보다 작은 수 중 6으로 나누었을 때 나머지가 2인 수는 206, 212, 218, 224입니다.
$206\div7=29\cdots3$이므로 200보다 크고 230보다 작은 수 중 7로 나누었을 때 나머지가 1인 수는 204, 211, 218, 225입니다.
따라서 구하는 배의 개수는 218개입니다.

| 1 | 148 | 2 점 ㄹ, 70번째 |
|---|---|---|

**1** ㉠÷㉡=9…2 ➡ ㉠=㉡×9+2

㉠+㉡=82이므로

㉠+㉡=(㉡×9+2)+㉡=82입니다.

㉡×10=80, ㉡=80÷10, ㉡=8

따라서 ㉠=8×9+2=74이므로

㉠×㉡=74×8=592입니다.

그러므로 592÷4=148입니다.

**2** ㄱ, ㄴ, ㄷ, ㄹ의 각 꼭짓점에 있는 수는 8로 나누면 나머지가 각각 1, 3, 5, 7인 수끼리 모은 것입니다.

이것을 표로 나타내면 다음과 같습니다.

| ㄱ | 1 | 9 | 17 | 25 | 33 | … |
|---|---|---|---|---|---|---|
| ㄴ | 3 | 11 | 19 | 27 | 35 | … |
| ㄷ | 5 | 13 | 21 | 29 | 37 | … |
| ㄹ | 7 | 15 | 23 | 31 | 39 | … |

559는 559÷8=69…7에서 나머지가 7이므로 꼭짓점 ㄹ에 위치합니다.

1번째 수 : 7=8×0+7

2번째 수 : 15=8×1+7

3번째 수 : 23=8×2+7

4번째 수 : 31=8×3+7

⋮ ⋮

70번째 수 : 559=8×69+7

따라서 559는 꼭짓점 ㄹ에서 70번째에 있는 수입니다.

# 3 원

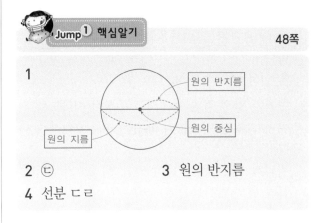

**2** ㉢    **3** 원의 반지름

**4** 선분 ㄷㄹ

**2** 한 원에서 원의 중심은 1개이므로 원의 중심은 원의 한 가운데 점인 ㉢입니다.

**3** 원의 중심은 고정되어 있고 원의 반지름만 늘어났습니다.

**4** 원의 중심을 지나는 선분을 원의 지름이라고 합니다.

따라서 원의 지름은 선분 ㄷㄹ입니다.

핵심응용 풀이 12, 12, 25, 12, 25, 55

답 55 cm

확인 1 6 cm    2 36 cm

3 9 cm

**1** 삼각형 ㄱㄴㄷ의 세 변의 길이가 모두 원의 반지름이므로 세 변의 길이는 같습니다.

따라서 삼각형 ㄱㄴㄷ의 한 변의 길이가 18÷3=6(cm)이므로 원의 반지름은 6 cm입니다.

**2** (사각형 ㄱㄴㄷㄹ의 둘레)

=(선분 ㄱㄴ)+(선분 ㄴㄷ)+(선분 ㄷㄹ)

+(선분 ㄹㄱ)

(선분 ㄱㄴ의 길이)=3+6=9(cm),
(선분 ㄴㄷ의 길이)=6+6=12(cm)
(선분 ㄷㄹ의 길이)=6+3=9(cm),
(선분 ㄹㄱ의 길이)=3+3=6(cm)
따라서 사각형 ㄱㄴㄷㄹ의 둘레는
9+12+9+6=36(cm)입니다.

3 크기가 같은 원 8개를 서로 중심이 지나도록 겹
쳐서 그리면 반지름의 개수는 모두 9개가 됩니
다.
따라서 9개의 반지름이 모여 81 cm가 되었으
므로 원의 반지름은 81÷9=9(cm)입니다.

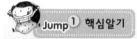

**Jump 1 핵심알기**　　　　　　　　50쪽

1 (1) 선분 ㄱㄹ　(2) 선분 ㄱㄹ
2 8 cm　　　　　　3 20 cm
4 8개

2 정사각형의 한 변의 길이와 원의 지름의 길이가
같으므로 원의 지름은 8 cm입니다.

3 큰 원 안에 지름이 10 cm인 작은 원 2개가 있으
므로 큰 원의 지름은 10+10=20(cm)입니
다.

4 선분 ㄱㄴ의 길이는 24×2=48(cm)이므로
선분 ㄱㄴ 위에 지름이 6 cm인 원을 최대
48÷6=8(개)까지 그릴 수 있습니다.

**Jump 2 핵심응용하기**　　　　　　51쪽

핵심응용 　풀이 24, 48, 24, 20, 112, 48, 112,
320, 32

답 32 cm

확인 1 96 cm　　　　　2 28 cm
　　　3 4 cm

1 (굵은 선의 길이)=(원의 지름)×16이므로
6×16=96(cm)입니다.

2 상자의 세로가 35 cm이므로 야구공의 지름은
35÷5=7(cm)입니다.
따라서 상자의 가로는 7×4=28(cm)입니다.

3 정사각형 ㄱㄴㄷㄹ의 한 변의 길이는
96÷4=24(cm)이고 정사각형 한 변의 길이
는 가장 큰 원의 지름과 같으므로 가장 큰 원의
지름은 24 cm입니다.
따라서 중간 크기 원 2개의 지름의 합은
5×4=20(cm)이므로 작은 원의 지름은
24−20=4(cm)입니다.

**Jump 1 핵심알기**　　　　　　　　52쪽

1 풀이 참조　　　　2 풀이 참조
3 10 cm　　　　　　4 풀이 참조, 7

1

2
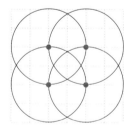

3 컴퍼스의 침과 연필 끝 사이의 거리가 원의 반
지름이므로 10 cm를 벌려야 합니다.

4

## Jump 2 핵심응용하기 53쪽

핵심응용 풀이 5, 10, 9, 5, ㉡

답 ㉡

확인 1 ③, ⑤, ⑦　　2 ㉢, ㉥

1 큰 원의 중심인 ⑤번과 작은 원의 중심인 ③, ⑦ 번에 컴퍼스의 침을 꽂아야 합니다.

2 ㉠, ㉡, ㉤은 원의 중심을 옮겨가며 그렸지만 원의 반지름이 서로 다릅니다.

㉣은 원의 중심을 옮기지 않고 원의 반지름만 다르게 하여 그린 것입니다.

㉢, ㉥은 원의 중심을 옮겨가며 원의 반지름이 같게 그린 것입니다.

## Jump 1 핵심알기 54쪽

1 • 원의 반지름이 1 cm, 2 cm, 4 cm, 8 cm이므로 2배씩 늘어났습니다.

• 원의 중심이 한 선분 위에 있고, 원들이 서로 맞닿도록 그려졌습니다.

2 16 cm

3 (예) 반지름이 3칸인 원과 반지름이 2칸인 원이 반복되어 그려진 규칙입니다.

2 8×2=16(cm)

## Jump 2 핵심응용하기 55쪽

핵심응용 풀이 2, 112, 7, 112, 7, 16, 16, 32

답 32 cm

확인 1 144 cm

2 지름이 2칸, 4칸, 8칸으로 두 배씩 늘어 나는 규칙이 있습니다.

3 풀이 참조

1 선분 ㄱㄴ의 길이는 선분 ㉮의 길이의 12배이 므로 12×12=144(cm)입니다.

3

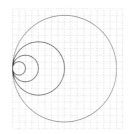

그려야 할 원의 지름은 16칸입니다.

## Jump 3 왕문제 56~61쪽

| 1 13개 | 2 120, 140 |
|---|---|
| 3 160 | 4 29 cm |
| 5 6 cm | 6 50 cm |
| 7 14 cm | 8 18 cm |
| 9 64개 | 10 5 cm |
| 11 31개 | 12 30 cm |
| 13 11 cm | 14 8개 |
| 15 26 cm | 16 24 cm |
| 17 풀이 참조, 5 | 18 5 cm |
| 19 52 cm | |

1

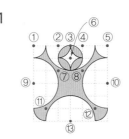

2 세로 60+60=120(cm)

가로 30+80+30=140(cm)

3 80+80=160(cm)

4 (큰 원의 지름)

=(중간 원의 지름)+(작은 원의 반지름)

=21+(16÷2)=29(cm)

**5** 가장 큰 원의 반지름이 24 cm이므로 중간 원의 반지름은 24÷2=12(cm)입니다.
따라서 가장 작은 원의 반지름은
12÷2=6(cm)입니다.

**6** (변 ㄱㄴ의 길이)=(변 ㄴㄷ의 길이)=10(cm)
(변 ㄱㄹ의 길이)=(변 ㄷㄹ의 길이)=15(cm)
따라서 사각형 ㄱㄴㄷㄹ의 네 변의 길이의 합은
10+10+15+15=50(cm)입니다.

**7** 가장 큰 원의 지름이 48 cm이므로 가장 큰 원의 반지름은 48÷2=24(cm)입니다.
따라서 중간 원의 반지름은 24−5=19(cm),
가장 작은 원의 반지름은 19−5=14(cm)입니다.

**8** 큰 원의 지름이 48 cm이므로
반지름은 48÷2=24(cm),
작은 원의 지름은 48÷4=12(cm)이므로
반지름은 12÷2=6(cm)입니다.
따라서 24−6=18(cm) 차이입니다.

**9** 반지름이 3 cm이므로 지름은 6 cm이고
이 원을 가로로 48÷6=8(개),
세로로 48÷6=8(개)씩 그릴 수 있으므로
최대 8×8=64(개)까지 그릴 수 있습니다.

**10** 한 원에서 반지름은 모두 같으므로
(선분 ㄷㄹ)=(선분 ㄷㅂ)=11(cm),
➡ (선분 ㄴㅂ)=14−11=3(cm)
(선분 ㄴㅂ)=(선분 ㄴㅁ)=3(cm)
➡ (선분 ㄱㅁ)=11−3=8(cm),
(선분 ㄱㅁ)=(선분 ㄱㅇ)=8(cm)
➡ (선분 ㄹㅇ)=14−8=6(cm),
(선분 ㄹㅇ)=(선분 ㄹㅅ)=6(cm)
➡ (선분 ㄷㅅ)=11−6=5(cm)
따라서 선분 ㄷㅅ의 길이는 5 cm입니다.

**11** 겹쳐서 그린 원의 개수를 □라 하면
5×(□+1)=160, □+1=32,
□=31(개)입니다.
따라서 그린 원은 모두 31개입니다.

**12** ㉮의 반지름은 ㉯의 반지름의 3배이므로
25×3=75(mm)이고 ㉯의 반지름은 ㉰의 반지름의 2배이므로 25×2=50(mm)입니다.
따라서 선분 ㄱㄴ의 길이는

75+25=100(mm),
선분 ㄴㄷ의 길이는 25+50=75(mm),
선분 ㄱㄷ의 길이는 75+50=125(mm)
이므로 삼각형 ㄱㄴㄷ의 세 변의 길이의 합은
100+75+125=300(mm)=30(cm)입니다.

**13** 정사각형의 한 변의 길이는 80÷4=20(cm)
이므로 변 ㄷㄴ의 길이는 10 cm입니다.
변 ㄱㄴ과 변 ㄱㄷ의 길이가 같으므로 변 ㄱㄷ의 길이는 (32−10)÷2=11(cm)입니다.

**14**
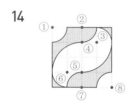

**15** 큰 원의 반지름을 □라 하면 작은 원의 반지름은 18÷2=9(cm)이므로 삼각형 ㄱㄴㄷ의 세 변의 길이의 합은
9+9+(□+9)+(□+9)=62입니다.
따라서 □+□+36=62, □+□=26,
□=13(cm)이므로 큰 원의 지름은
13×2=26(cm)입니다.

**16** 7×3+10−7=21+3=24(cm)

**17**

**18** 작은 원의 반지름을 □라고 하면 큰 원의 반지름은 □+□입니다.
□+□+(□+□)+(□+□)=30(cm),
□×6=30(cm), □=5(cm)
따라서 작은 원의 반지름은 5 cm입니다.

**19** 변 ㄱㄴ과 변 ㄴㄷ은 원의 반지름이므로 각각
16 cm입니다.
(변 ㄱㄷ)=(16−12)+16=4+16=20(cm)
따라서 삼각형 ㄱㄴㄷ의 세 변의 길이의 합은
16+16+20=52(cm)입니다.

 **Jump ④ 왕중왕문제**

62~67쪽

| | |
|---|---|
| 1 96 cm | 2 3 cm |
| 3 81개 | 4 30 cm |
| 5 9개 | 6 68 cm |
| 7 10개 | 8 60 cm |
| 9 160 cm | 10 404 cm |
| 11 21개 | 12 15개 |
| 13 2 cm | 14 16 cm |
| 15 16개 | 16 388 cm |
| 17 15 cm | 18 48 cm |

1 사각형 ㄱㄴㄷㄹ의 둘레는 원의 지름의 길이의
   12배와 같으므로 8×12=96(cm)입니다.

2 반지름이 8 cm인 원 10개를 겹치는 부분 없이
   연결하면 8×2×10=160(cm)가 됩니다.
   위에서 10개의 원을 그렸을 때 겹친 부분은
   9군데이므로 ㉮의 길이는
   (160−133)÷9=3(cm)입니다.

3 〈정사각형의 한 변의 길이〉

 ...

   그림을 그려 보면 정사각형 한 변의 길이는
   192÷4=48(cm)이고 48=6×8이므로
   필요한 원의 개수는
   (8+1)×(8+1)=81(개)입니다.

4 정육각형의 한 변의 길이는 원의 반지름과 같은
   15 cm이므로 정육각형의 둘레는
   15×6=90(cm)이고 정사각형의 한 변의 길
   이는 원의 지름의 길이와 같은 30 cm이므로
   정사각형의 둘레는 30×4=120(cm)입니다.
   따라서 정육각형과 정사각형의 둘레의 차는
   120−90=30(cm)입니다.

5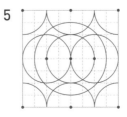

6 삼각형 ㄱㄴㄷ의 세 변의 길이의 합은 세 개의 원

---

   의 지름의 길이의 합과 같습니다.
   ➡ 8×2+20+32=68(cm)

7 지름의 합은 원이 1개일 때 : 1,
   원이 2개일 때 : 1+3=4=2×2,
   원이 3개일 때 : 1+3+5=9=3×3,
   원이 4개일 때 : 1+3+5+7=16=4×4이
   므로 지름의 합은 원의 개수를 두 번 곱한 것과
   같습니다.
   따라서 100=10×10이므로 100 cm의 길이
   에는 10개를 그릴 수 있습니다.

8 반지름은 2 cm, 4 cm, 2 cm, 4 cm씩 규칙적
   으로 늘어납니다.
   따라서 10번째에 그려지는 원의 반지름은
   (2+4)×5=30(cm)이므로 원의 지름은
   30×2=60(cm)입니다.

9 (원 ㉯의 반지름)=5×2=10(cm),
   (원 ㉮의 반지름)=10×2=20(cm)
   (정사각형의 한 변의 길이)=5+5+10+20
                              =40(cm)
   따라서 정사각형의 둘레는 40×4=160(cm)
   입니다.

10 고리를 1개 이을 때마다 안쪽 지름 길이가 늘어
   납니다. 안쪽 지름의 총합은
   16×25=400(cm)입니다.
   따라서 전체 길이는 2+400+2=404(cm)입
   니다.

11 만들어지는 삼각형의 세 변의 길이는 모두 같으
   므로 삼각형의 한 변의 길이는
   60÷3=20(cm)가 되어야 합니다.
   따라서 맨 아래쪽에 (20+2+2)÷4=6(개)의
   원이 그려지므로 원은 모두
   1+2+3+4+5+6=21(개)
   그려야 합니다.

12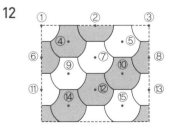

13 삼각형 ㄱㄴㄷ의 둘레는 3개의 원의 반지름의

2배와 3 cm의 합입니다.

3개의 원의 반지름의 합은

$(29-3) \div 2 = 13$(cm)이므로

선분 ㄴㄷ의 길이는 $13-6=7$(cm)입니다.

따라서 선분 ㄴㅁ의 길이는

$(29-7) \div 2 - 9 = 2$(cm)입니다.

**14** 작은 원을 1개 그리면 작은 원의 반지름이 2개,
작은 원을 2개 그리면 반지름이 3개, 작은 원을
3개 그리면 반지름이 4개가 되므로, 작은 원을
14개 그리면 작은 원의 반지름이 15개가 됩니
다. 작은 원의 반지름을 □라 하면
□$\times 15 = 60 \times 2$, □$\times 15 = 120$에서 □는 8이
므로 작은 원의 지름은 $8 \times 2 = 16$(cm)입니다.

**15**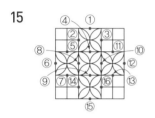

**16** 큰 고리 1개와 작은 고리 4개가 반복되는 규칙
이 있습니다.

큰 고리 1개와 작은 고리 4개의 안쪽 지름의 합
은 $12+10 \times 4 = 52$(cm),

고리 37개는 5개씩 7묶음과 2개의 합이므로
목걸이의 최대 길이는

$52 \times 7 + 12 + 10 + 1 + 1 = 388$(cm)입니다.

**17**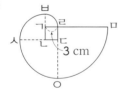

선분 ㅂㄴ의 길이는

$3+3=6$(cm),

선분 ㅅㄷ의 길이는

$6+3=9$(cm),

선분 ㅇㄹ의 길이는

$9+3=12$(cm)입니다.

따라서 선분 ㄱㅁ의 길이는 $3+12=15$(cm)
입니다.

**18** 원 ④의 반지름은 8 cm, 원 ⑤의 반지름은
16 cm이므로

$3+1+2 \times 2 + 4 \times 2 + 8 \times 2 + 16$

$=48$(cm)입니다.

| 1 | 16조각 | 2 | 150 cm |

**1**

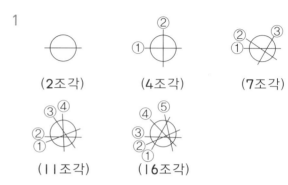

(2조각)　　　(4조각)　　　(7조각)

(11조각)　　　(16조각)

따라서 직선을 5개 그으면 최대 16조각으로 나
누어집니다.

별해 자른 횟수와 조각 수와의 관계를 규칙적
으로 생각해 보면 다음과 같습니다.

| 자른 횟수 | 조각 수 |
|---|---|
| 0 | $1=1$ |
| 1 | $1+1=2$ |
| 2 | $1+1+2=4$ |
| 3 | $1+1+2+3=7$ |
| 4 | $1+1+2+3+4=11$ |
| 5 | $1+1+2+3+4+5=16$ |

**2** 원의 중심인 점 ㅇ이 이동한 거리만 그려 보면
다음과 같습니다.

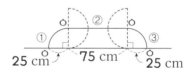

25 cm　　75 cm　　25 cm

원의 중심점이 움직인 거리를 ①, ②, ③으로 구
분하여 생각하면

①과 ③은 원의 둘레의 $\frac{1}{4}$씩이고, ②는 원의 둘

레의 $\frac{1}{2}$과 같으므로

①+②+③의 거리는 원의 둘레와 같습니다.

따라서 원의 중심 ㅇ이 움직인 거리는

$25 \times 2 \times 3 = 150$(cm)입니다.

# 4 분수

**Jump① 핵심알기** 70쪽

1 (1) 1, 4  (2) 3, 8  2 (1) 2, 9  (2) 5, 7

3 $\frac{1}{3}$          4 $\frac{3}{5}$

3 12권을 4권씩 묶으면 3묶음이 되고 4권은 한 묶음입니다. 따라서 공책 4권은 12권의 $\frac{1}{3}$입 니다.

4 7개씩 구슬을 넣은 상자 수는 $35 \div 7 = 5$(개)이 므로 3상자에 들어있는 구슬은 전체의 $\frac{3}{5}$입 니다.

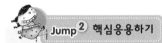

**Jump② 핵심응용하기** 71쪽

 풀이 2, 2, 3, 3, 5, 5, 6, 6, 9, 9, 2,
         3, 5, 6, 9, 2, 3, 5, 6, 9,

답 2명, 3명, 5명, 6명, 9명 /
    $\frac{1}{2}$, $\frac{1}{3}$, $\frac{1}{5}$, $\frac{1}{6}$, $\frac{1}{9}$

확인 1 (1) 6, 3  (2) 16, 8, 4, 2
     2 6개

2 36개의 $\frac{1}{12}$은 3개이므로 먹은 밤의 개수는
  $3 \times 5 = 15$(개), 남은 밤의 개수는
  $36 - 15 = 21$(개)입니다.
  따라서 남은 밤은 먹은 밤보다 $21 - 15 = 6$(개)
  더 많습니다.

**Jump① 핵심알기** 72쪽

1 풀이 참조, (1) 3  (2) 12

2 (1) 2  (2) 18  (3) 16  (4) 30

3 6자루          4 12개

1

21개를 똑같이 7묶음으로 나누면 한 묶음은 3개입니다.

3 24의 $\frac{1}{4}$은 6이므로 동생에게 연필을 6자루 주 어야 합니다.

4 30의 $\frac{3}{5}$은 18이므로 먹고 남은 딸기는
  $30 - 18 = 12$(개)입니다.

**Jump② 핵심응용하기** 73쪽

핵심응용 풀이 80, 20, 80, 16, 44, 11, 20,
              16, 11, 33

답 33개

확인 1 8개          2 15개
     3 6명

1 사탕 24개를 6묶음으로 나누면 한 묶음은
  $24 \div 6 = 4$(개)이므로 4묶음은 $4 \times 4 = 16$(개)
  입니다.
  따라서 남은 사탕은 $24 - 16 = 8$(개)입니다.

2 (영수가 가진 사탕) = 36의 $\frac{4}{9}$
              = $36 \div 9 \times 4 = 16$(개)
  (지혜가 가진 사탕) = 20의 $\frac{3}{4} = 15$(개)

3 농구를 좋아하는 학생 : 24명의 $\frac{1}{4} = 6$(명)
  야구를 좋아하는 학생 : 24명의 $\frac{1}{3} = 8$(명)
  배구를 좋아하는 학생 : 24명의 $\frac{1}{6} = 4$(명)
  축구를 좋아하는 학생 수 :
  $24 - (6 + 8 + 4) = 6$(명)

| 분모 | 3 | 4 | 5 | 6 |
|------|---|---|---|---|
| 분자 | 2 | 3 | 4 | 5 |
| 합 | 5 | 7 | 9 | 11 |

**1** (1) $\dfrac{2}{4}$, $\dfrac{6}{7}$　　(2) $\dfrac{13}{6}$, $\dfrac{9}{8}$, $\dfrac{5}{5}$

**2** $\dfrac{7}{3}$　　　　　　**3** 1개

**4** 8개

**2** 분모가 3인 가분수 : $\dfrac{4}{3}$, $\dfrac{5}{3}$, $\dfrac{7}{3}$

　　분모가 4인 가분수 : $\dfrac{5}{4}$, $\dfrac{7}{4}$

　　분모가 5인 가분수 : $\dfrac{7}{5}$

　　따라서 자연수 2보다 큰 가분수는 $\dfrac{7}{3}$입니다.

**3** 진분수 : $\dfrac{1}{14}$, $\dfrac{2}{13}$, $\dfrac{3}{12}$, $\dfrac{4}{11}$, $\dfrac{5}{10}$, $\dfrac{6}{9}$, $\dfrac{7}{8}$

　　(7개)

　　가분수 : $\dfrac{8}{7}$, $\dfrac{9}{6}$, $\dfrac{10}{5}$, $\dfrac{11}{4}$, $\dfrac{12}{3}$, $\dfrac{13}{2}$ (6개)

　　따라서 진분수가 7−6=1(개) 더 많습니다.

**4** 3=$\dfrac{12}{4}$이므로 3보다 작고 분모가 4인 가분수는 분자가 4부터 11까지의 분수이므로 11−3=8(개)입니다.

별해 (분모)=(7+1)÷2=4
　　(분자)=7−4=3
　　따라서 $\dfrac{3}{4}$입니다.

**2** 가분수가 되려면 가는 나와 같거나 나보다 커야 합니다.
　　나=4일 때, 가=4, 5, 6
　　나=5일 때, 가=5, 6
　　나=6일 때, 가=6
　　➡ 3+2+1=6(가지)

**3**
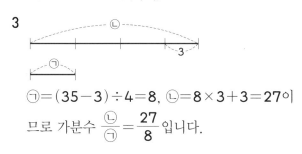

　　㉠=(35−3)÷4=8, ㉡=8×3+3=27이므로 가분수 $\dfrac{㉡}{㉠}$=$\dfrac{27}{8}$입니다.

---

핵심응용 풀이 4, 7, 7, 21, 21, 7

답 $\dfrac{21}{7}$

확인 1 $\dfrac{3}{4}$　　　　2 6가지

3 $\dfrac{27}{8}$

**1** 차가 1인 두 수 중에서 합이 7인 수를 찾습니다.

---

**1** (1) 5, 2, 17　　　　(2) 3, 2, 8, 2

**2** (1) 1$\dfrac{5}{6}$　　　　　(2) 7$\dfrac{1}{2}$

　　(3) $\dfrac{34}{9}$　　　　　(4) $\dfrac{31}{7}$

**3** 예 대분수는 자연수와 진분수로 이루어진 분수입니다. 그런데 2$\dfrac{5}{4}$는 대분수와 가분수로 이루어진 분수이므로 대분수가 아닙니다.

**4** 1$\dfrac{7}{8}$ kg

**2** (1) $\dfrac{11}{6}$=1$\dfrac{5}{6}$ (11÷6=1…5)

　　(3) 3$\dfrac{7}{9}$=$\dfrac{3×9+7}{9}$=$\dfrac{34}{9}$

**4** $\dfrac{15}{8}$=$\dfrac{8}{8}$+$\dfrac{7}{8}$=1+$\dfrac{7}{8}$=1$\dfrac{7}{8}$(kg)

## Jump 2 핵심응용하기 77쪽

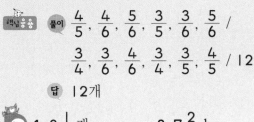

핵심응용 풀이 $\dfrac{4}{5}$, $\dfrac{4}{6}$, $\dfrac{5}{6}$, $\dfrac{3}{5}$, $\dfrac{3}{6}$, $\dfrac{5}{6}$ /

$\dfrac{3}{4}$, $\dfrac{3}{6}$, $\dfrac{4}{6}$, $\dfrac{3}{4}$, $\dfrac{3}{5}$, $\dfrac{4}{5}$ / 12

답 12개

확인 1 $3\dfrac{1}{4}$개      2 $7\dfrac{2}{4}$ km

3 5개

---

1 $3+\dfrac{1}{4}=3\dfrac{1}{4}$(개)

2 학교에 한 번 다녀온 거리는 $\dfrac{6}{4}$ km이므로 5일

동안 다녀온 거리의 합은 $\dfrac{30}{4}$ km이고 대분수

로 나타내면 $7\dfrac{2}{4}$ km입니다.

3 ㉠이 될 수 있는 수는 11부터 39까지의 자연수
중 어떤 자연수입니다.

㉠이 11일 때 $\dfrac{11}{7}=1\dfrac{4}{7}$, 18일 때

$\dfrac{18}{7}=2\dfrac{4}{7}$, 25일 때 $\dfrac{25}{7}=3\dfrac{4}{7}$

32일 때 $\dfrac{32}{7}=4\dfrac{4}{7}$, 39일 때 $\dfrac{39}{7}=5\dfrac{4}{7}$이므

로 ㉡이 될 수 있는 자연수는 1, 2, 3, 4, 5로
모두 5개입니다.

## Jump 1 핵심알기 78쪽

1 $2\dfrac{1}{8}$, $\dfrac{14}{8}$, $1\dfrac{3}{8}$, $\dfrac{9}{8}$

2 석기      3 16개

4 2, 3

---

1 $1\dfrac{3}{8}=\dfrac{11}{8}$, $2\dfrac{1}{8}=\dfrac{17}{8}$이므로

$2\dfrac{1}{8}>\dfrac{14}{8}>1\dfrac{3}{8}>\dfrac{9}{8}$입니다.

---

2 $1\dfrac{4}{5}<2\dfrac{1}{5}$이므로 석기가 더 멀리 뛰었습니다.

3 자연수 부분이 1인 대분수는 $1\dfrac{1}{5}$, $1\dfrac{2}{5}$, $1\dfrac{3}{5}$,

$1\dfrac{4}{5}$로 4개이고 자연수 부분이 2, 3, 4인 대분

수도 각각 4개씩이므로 모두 $4\times4=16$(개)입
니다.

4 $\dfrac{14}{6}=2\dfrac{2}{6}$, $\dfrac{25}{6}=4\dfrac{1}{6}$이므로

$2\dfrac{2}{6}<\square\dfrac{3}{6}<4\dfrac{1}{6}$입니다.

따라서 □ 안에 들어갈 수 있는 자연수는 2, 3입
니다.

## Jump 2 핵심응용하기 79쪽

핵심응용 풀이 11, 8, 11, 9, 8, 신영, 동민, 효근

답 신영, 동민, 효근

확인 1 지하철      2 4개

3 183

---

1 $1\dfrac{4}{5}=\dfrac{9}{5}$이므로 $\dfrac{9}{5}>\dfrac{7}{5}$입니다.

지하철을 탈 때 걸린 시간이 더 짧으므로,
지하철을 타는 것이 할머니 댁에 더 빨리 갈 수
있습니다.

2 $\dfrac{33}{14}=2\dfrac{5}{14}$ ($33\div14=2\cdots5$)

$\dfrac{33}{14}=2\dfrac{5}{14}$이므로 □ 안에 들어갈 수 있는

자연수는 1, 2, 3, 4입니다.

3 $2\dfrac{19}{20}<\dfrac{\square}{20}<3\dfrac{3}{20}$ ➡ $\dfrac{59}{20}<\dfrac{\square}{20}<\dfrac{63}{20}$

따라서 분자가 될 수 있는 수는 $59<\square<63$에
서 60, 61, 62이므로 $60+61+62=183$입
니다.

| | |
|---|---|
| 1 3개 | 2 $\dfrac{9}{15}$ |
| 3 $\dfrac{1}{2}$, $\dfrac{1}{7}$, $\dfrac{1}{14}$, $\dfrac{1}{49}$, $\dfrac{1}{98}$ | |
| 4 $\dfrac{69}{7}$ | 5 ㉮ |
| 6 5개 | 7 42 |
| 8 40 cm | 9 7개 |
| 10 79개 | 11 8 |
| 12 15분 | 13 $\dfrac{63}{31}$ |
| 14 290개 | 15 $\dfrac{36}{6}$ |
| 16 156쪽 | 17 10개 |
| 18 효근 | |

1 진분수는 분자가 분모보다 작은 분수입니다.

$\dfrac{3}{5}$, $\dfrac{9}{13}$, $\dfrac{5}{12}$

2 분자 ├─────┤          분자 $=(24-6)\div2=9$
　분모 ├──────┤6┤       분모 $=9+6=15$

따라서 구하고자 하는 진분수는 $\dfrac{9}{15}$ 입니다.

3 2명에게 나누어주면 49개씩, 7명에게 나누어 주면 14개씩, 14명에게 나누어 주면 7개씩, 49명에게 나누어주면 2개씩, 98명에게 나누어 주면 1개씩 나누어 줄 수 있습니다.

각각을 분수로 나타내면 $\dfrac{1}{2}$, $\dfrac{1}{7}$, $\dfrac{1}{14}$, $\dfrac{1}{49}$, $\dfrac{1}{98}$ 입니다.

4 가장 큰 대분수를 만들려면 가장 큰 수를 자연수 부분으로 놓습니다.

따라서 가장 큰 대분수는 $9\dfrac{6}{7}$ 이므로 가분수로

나타내면 $9\dfrac{6}{7}=\dfrac{9\times7+6}{7}=\dfrac{69}{7}$ 입니다.

5 ㉮의 $\dfrac{2}{3}$ 와 ㉯의 $\dfrac{5}{6}$ 가 서로 같으므로 ㉮의 $\dfrac{2}{3}$ 를 10이라 가정하면 ㉮$=10\div2\times3=15$, ㉯의 $\dfrac{5}{6}$ 를 10이라 가정하면 ㉯$=10\div5\times6=12$

입니다.
따라서 ㉮가 ㉯보다 큰 수입니다.

6 $\dfrac{7}{2}$, $\dfrac{9}{2}$, $\dfrac{13}{2}$, $\dfrac{13}{3}$, $\dfrac{13}{4}$ 이므로 모두 5개입니다.

7 어떤 수의 $\dfrac{5}{7}$ 는 45이므로 $\dfrac{1}{7}$ 은 9입니다.

따라서 어떤 수는 $7\times9=63$ 이고 63의 $\dfrac{1}{3}$ 은

21이므로 $\dfrac{2}{3}$ 는 42입니다.

8

긴 막대 ├──휴지통의 높이──┼─────┼─────┤
짧은 막대 ├──휴지통의 높이──┼─────┤┈┈┈40 cm

작은 눈금 한 칸은 $40\div2=20$ (cm)이므로 휴지통의 높이는 $20\times2=40$ (cm)입니다.

9 분자가 될 수 있는 수는 4, 8, 12, 16, 20, ……, 이고 1과 크기가 같은 분수이어야 하므로 분모도 4, 8, 12, 16, 20, ……입니다.
분모가 30보다는 작아야 하므로 구하는 분수는 $\dfrac{4}{4}$, $\dfrac{8}{8}$, $\dfrac{12}{12}$, $\dfrac{16}{16}$, $\dfrac{20}{20}$, $\dfrac{24}{24}$, $\dfrac{28}{28}$ 입니다.

10 분모가 15인 가분수이므로 분자는 15보다 커야 대분수로 나타낼 수 있습니다.
$\dfrac{30}{15}=2$, $\dfrac{45}{15}=3$, $\dfrac{60}{15}=4$, $\dfrac{75}{15}=5$, $\dfrac{90}{15}=6$
이므로 분자가 15보다 큰 수 중 30, 45, 60, 75, 90(5개)은 제외됩니다.
$99-15-5=79$(개)

11 $7\times\square+3=59$ 에서 $\square=8$ 입니다.

12 1시간은 60분이므로 1시간의 $\dfrac{1}{3}$ 은 20분이고

1시간의 $\dfrac{1}{4}$ 은 15분입니다.

기차를 탄 시간은 $2\dfrac{2}{3}$ 시간이므로 2시간 40분

이고 버스를 탄 시간은 $1\dfrac{1}{4}$ 시간이므로 1시간

15분입니다.
따라서 집에서 출발하여 할머니 댁까지 가는 데 걸린 시간은 4시간 10분이므로 예슬이가 걸은 시간은
4시간 10분$-$2시간 40분$-$1시간 15분$=$15분

입니다.

**13** 분모는 2부터 1씩 커지는 규칙이 있고 분자는 분모의 2배에 1을 더한 수입니다.

따라서 30번째 분수의 분모는 $30+1=31$, 분자는 $31\times2+1=63$이므로 구하는 분수는 $\dfrac{63}{31}$입니다.

**14** 빵 125개의 $\dfrac{1}{5}$은 $125\div5=25$(개)이므로 둘째 날 만든 빵은 $25\times3+20=95$(개), 95개의 $\dfrac{1}{5}$은 $95\div5=19$(개)이므로 마지막 날 만든 빵은 $19\times4-6=70$(개)입니다.
따라서 3일 동안 $125+95+70=290$(개) 만들었습니다.

**15**

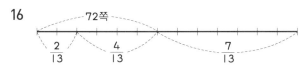

$㉮=42\div7=6$, $㉯=6\times6=36$
따라서 가분수 $\dfrac{㉯}{㉮}=\dfrac{36}{6}$입니다.

**16**

전체 쪽수의 $\dfrac{6}{13}$이 72이므로 $\dfrac{1}{13}$은 12입니다.
따라서 책의 전체 쪽수는 $13\times12=156$(쪽)입니다.

**17** 분모가 2일 때 : $\dfrac{3}{2}$, $\dfrac{5}{2}$, $\dfrac{6}{2}$, $\dfrac{7}{2}$

분모가 3일 때 : $\dfrac{5}{3}$, $\dfrac{6}{3}$, $\dfrac{7}{3}$

분모가 5일 때 : $\dfrac{6}{5}$, $\dfrac{7}{5}$

분모가 6일 때 : $\dfrac{7}{6}$

**18** 효근 : $3\dfrac{4}{6}=\dfrac{22}{6}$  가영 : $2\dfrac{1}{6}=\dfrac{13}{6}$

용희 : $\dfrac{20}{6}$  한초 : $\dfrac{17}{6}$

---

**Jump 4 왕중왕문제**  86~91쪽

| | | |
|---|---|---|
| **1** 28, 33, 38, 43 | **2** ㉢, ㉣, ㉠, ㉡ | |
| **3** $38\dfrac{2}{5}$ | **4** 노란색 테이프, 3도막 | |
| **5** 264개 | **6** 648명 | |
| **7** $\dfrac{39}{50}$ | **8** 18개 | |
| **9** 24개 | | |
| **10** ㉠ $\dfrac{5}{12}$, ㉡ $\dfrac{7}{12}$, ㉢ $\dfrac{11}{12}$ | | |
| **11** 11가지 | **12** 7명 | |
| **13** 72개 | **14** 2, 3, 4, 5 | |
| **15** 92명 | **16** 42명 | |
| **17** $\dfrac{34}{9}$ | **18** $\dfrac{2}{8}$ | |

**1** ㉠이 5일 때 ㉡$=5\times5+3=28$
㉠이 6일 때 ㉡$=6\times5+3=33$
㉠이 7일 때 ㉡$=7\times5+3=38$
㉠이 8일 때 ㉡$=8\times5+3=43$

**2** ㉠ $2\dfrac{3}{8}$, ㉡ $\dfrac{25}{8}=3\dfrac{1}{8}$, ㉢ $\dfrac{27}{12}=2\dfrac{3}{12}$, ㉣ $3\dfrac{1}{12}$

㉡ $3\dfrac{1}{8}$ > ㉣ $3\dfrac{1}{12}$ > ㉠ $2\dfrac{3}{8}$ > ㉢ $2\dfrac{3}{12}$

**3** $\dfrac{3}{5}$, $1\dfrac{1}{5}=\dfrac{6}{5}$, $\dfrac{9}{5}$, $2\dfrac{2}{5}=\dfrac{12}{5}$, $\dfrac{15}{5}$,

$3\dfrac{3}{5}=\dfrac{18}{5}$에서 분자는 3씩 늘어나는 규칙이 있습니다.
따라서 64번째의 분수의 분자는 $64\times3=192$이므로 64번째의 분수는 $\dfrac{192}{5}$입니다.

그런데 짝수번째의 분수는 대분수이므로 $38\dfrac{2}{5}$입니다.

**4** 노란색 테이프는 $3\dfrac{4}{8}=\dfrac{28}{8}$이므로 $\dfrac{2}{8}$ m씩 자르면 $28\div2=14$(도막)이 됩니다.
초록색 테이프는 $2\dfrac{1}{5}=\dfrac{11}{5}$이므로 $\dfrac{1}{5}$ m씩 자르면 11도막이 됩니다.
따라서 노란색 테이프가 $14-11=3$(도막) 더 많습니다.

**5**

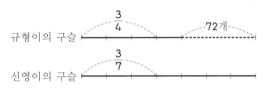

(규형이의 구슬 수)$=72\div3\times4=96$(개)

(신영이의 구슬 수)$=72\div3\times7=168$(개)

➡ $96+168=264$(개)

**6** (예슬이네 반 학생 수)$=12\div4\times9=27$(명)

(학교 전체 학생 수)$=27\times24=648$(명)

**7** 가 수도관은 1분에 $\dfrac{1}{50}$을 채우므로 9분에 $\dfrac{9}{50}$

를 채웁니다. 나 수도관은 3분에 $\dfrac{4}{50}$를 채우므로

9분에 $\dfrac{12}{50}$를 채웁니다.

다 수도관은 6분에 $\dfrac{12}{50}$를 채우므로 1분에 $\dfrac{2}{50}$

를 채우고 9분에 $\dfrac{18}{50}$을 채웁니다.

따라서 9분 후에는 $9+12+18=39$이므로

$\dfrac{39}{50}$가 차게 됩니다.

**8** 5보다 큰 대분수이므로 자연수 부분은 5, 7, 9
가 놓여야 합니다.

5일 때: $5\dfrac{2}{3}$, $5\dfrac{2}{7}$, $5\dfrac{3}{7}$, $5\dfrac{2}{9}$, $5\dfrac{3}{9}$,

$5\dfrac{7}{9}$ (6개),

7일 때: $7\dfrac{2}{3}$, $7\dfrac{2}{5}$, $7\dfrac{3}{5}$, $7\dfrac{2}{9}$, $7\dfrac{3}{9}$,

$7\dfrac{5}{9}$ (6개)

9일 때: $9\dfrac{2}{3}$, $9\dfrac{2}{5}$, $9\dfrac{3}{5}$, $9\dfrac{2}{7}$, $9\dfrac{3}{7}$,

$9\dfrac{5}{7}$ (6개)

따라서 $6+6+6=18$(개)입니다.

**9** 가분수는 분자가 분모보다 커야 하므로 분자는
두 자리 수, 분모는 한 자리 수입니다.

$\dfrac{57}{2}$, $\dfrac{59}{2}$, $\dfrac{75}{2}$, $\dfrac{79}{2}$, $\dfrac{95}{2}$, $\dfrac{97}{2}$에서 분모가 2인

가분수는 6개이므로 분모가 5인 가분수, 분모
가 7인 가분수, 분모가 9인 가분수도 각각 6개
씩입니다. 따라서 가분수는 $4\times6=24$(개) 만

들 수 있습니다.

**10**

(㉠의 분자)$=(23-2-6)\div3=5$

(㉡의 분자)$=5+2=7$

(㉢의 분자)$=7+4=11$

**11** $\dfrac{나}{가}$를 대분수로 나타내려면 가$<$나 이어야 합니다.

$\dfrac{5,\,6,\,7,\,8}{3}$에서 $\dfrac{6}{3}=2$로 자연수이므로 대분

수는 3가지, $\dfrac{5,\,6,\,7,\,8}{4}$에서 $\dfrac{8}{4}=2$로 자연수

이므로 대분수는 3가지,

$\dfrac{5,\,6,\,7,\,8}{5}$에서 $\dfrac{5}{5}=1$로 자연수이므로

대분수는 3가지, $\dfrac{5,\,6,\,7,\,8}{6}$에서 $\dfrac{7}{6}=1\dfrac{1}{6}$,

$\dfrac{8}{6}=1\dfrac{2}{6}$로 2가지

따라서 모두 11가지입니다.

**12** 12자루씩 6타이면 $12\times6=72$(자루)이므로
친구들과 나누어 가진 연필은

$72-9=63$(자루)입니다.

따라서 72의 $\dfrac{1}{8}$은 9이므로 영수가 가진 연필은

9자루이고 연필을 나누어 가진 사람은

$63\div9=7$(명)입니다.

**13** 분모가 14인 가분수는 $\dfrac{14}{14}$, $\dfrac{15}{14}$, $\dfrac{16}{14}$, …이고

자연수 $14=\dfrac{14\times14}{14}=\dfrac{196}{14}$이므로 14보다

작은 가분수는 $\dfrac{195}{14}$까지입니다.

➡ $195-13=182$(개)

분모가 11인 가분수는 $\dfrac{11}{11}$, $\dfrac{12}{11}$, $\dfrac{13}{11}$, …이고

자연수 $11=\dfrac{11\times11}{11}=\dfrac{121}{11}$이므로

11보다 작은 가분수는 $\dfrac{120}{11}$까지입니다.

➡ $120-10=110$(개)

따라서 분모가 14인 가분수가

182−110=72(개) 더 많습니다.

14 $\dfrac{\bigcirc}{8}=\dfrac{\bigcirc\times8+\bigcirc}{8}=\dfrac{\bigcirc}{8}$이므로

$\bigcirc=\bigcirc\times8+\bigcirc$입니다.

$\bigcirc=1$일 때 $\bigcirc$은 $1\times8+1=9$ (×)

$\bigcirc=2$일 때 $\bigcirc$은 $2\times8+2=18$ (○)

$\bigcirc=3$일 때 $\bigcirc$은 $3\times8+3=27$ (○)

$\bigcirc=4$일 때 $\bigcirc$은 $4\times8+4=36$ (○)

$\bigcirc=5$일 때 $\bigcirc$은 $5\times8+5=45$ (○)

$\bigcirc=6$일 때 $\bigcirc$은 $6\times8+6=54$ (×)

따라서 $\bigcirc$이 될 수 있는 자연수는 2, 3, 4, 5입니다.

15 1380의 $\dfrac{1}{6}$은 230이므로 졸업을 하고 남은 학생 수는 1380−230=1150(명)입니다.

1150의 $\dfrac{1}{25}$은 46이고 $\dfrac{3}{25}$은

$46\times3=138$(명)이므로 올해 학생 수는

1150+138=1288(명)입니다.

따라서 올해 학생 수는 작년보다

1380−1288=92(명) 더 적습니다.

16

전체 관람객의 $\dfrac{1}{6}$은 57−18=39(명)이므로

남자 관람객은 $39\times4-18=138$(명)이고 여자 관람객은 $39\times1+57=96$(명)입니다.

따라서 남자 관람객은 여자 관람객보다

138−96=42(명) 더 많습니다.

17 (분자)÷(분모)=3 … 7에서

(분자)=(분모)×3+7

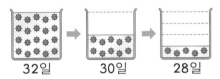

(분모)=(25−7)÷2=9

(분자)=9×3+7=34

따라서 어떤 가분수는 $\dfrac{34}{9}$입니다.

18 $\dfrac{1}{2}$, 1=$\dfrac{2}{2}$, $\dfrac{1}{3}$, $\dfrac{2}{3}$, 1=$\dfrac{3}{3}$, $\dfrac{1}{4}$, $\dfrac{2}{4}$, $\dfrac{3}{4}$,

1=$\dfrac{4}{4}$, ……로 나타낼 수 있습니다. 분모가 2인

---

분수는 2개, 분모가 3인 분수는 3개, 분모가 4인 분수는 4개, ……이고,

2+3+4+5+6+7=27이므로 29번째 분수는 분모가 8인 분수 중에서 2번째 분수이므로

$\dfrac{2}{8}$입니다.

**Jump 5 영재교육원 입시대비문제**　　92쪽

| 1 28일 | 2 15 |
|---|---|

1 32일만에 비커가 가득 찼으므로 비커의 $\dfrac{1}{2}$만큼

차는 데 32−2=30(일)이 걸리고 $\dfrac{1}{4}$만큼 차는

데 30−2=28(일)이 걸립니다.

| 32일 | 30일 | 28일 |
|---|---|---|

2 $\left(\dfrac{2}{2}, \dfrac{1}{2}\right)$, $\left(\dfrac{3}{3}, \dfrac{2}{3}, \dfrac{1}{3}\right)$, $\left(\dfrac{4}{4}, \dfrac{3}{4}, \dfrac{2}{4}, \dfrac{1}{4}\right)$,

…과 같이 묶으면 50번째 분수는

2+3+4+5+6+7+8+9+10=54이므로 9번째 묶음의 수입니다.

9번째 묶음은 $\left(\dfrac{10}{10}, \dfrac{9}{10}, \dfrac{8}{10}, \dfrac{7}{10}, \dfrac{6}{10},\right.$

$\left.\dfrac{5}{10}, \dfrac{4}{10}, \dfrac{3}{10}, \dfrac{2}{10}, \dfrac{1}{10}\right)$이고 54번째 분수

가 $\dfrac{1}{10}$이므로 50번째 분수는 $\dfrac{5}{10}$입니다.

➡ 10+5=15

# 5 들이와 무게

1 양동이          2 가
3 ㉮, ㉰, ㉯

1 세숫대야의 물이 넘쳤으므로 양동이의 들이가
  더 많습니다.

2 물병에서 물을 덜어 내는 컵의 수가 많을수록
  들이가 더 많습니다.

3 ㉮ 그릇은 7컵, ㉯ 그릇은 3컵, ㉰ 그릇은 5컵
  이므로 들이가 가장 많은 것부터 차례대로 기호
  를 쓰면 ㉮>㉰>㉯입니다.

Jump 2 핵심응용하기

95쪽

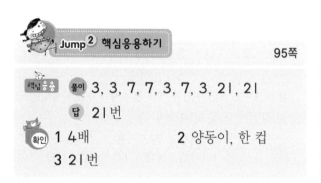

1 컵의 수가 각각 36컵과 9컵이므로 동민이의 그
  릇의 들이는 한초의 그릇의 들이의
  36÷9=4(배)입니다.

2 양동이에 부은 물은 13+19=32(컵)이므로
  주전자에 담긴 물보다 한 컵 더 많습니다.

3 ㉯ 컵으로 15번 부어 가득 차는 물병을 '물병
  □'라고 하면
  ㉯ 컵으로 15번 부어 가득 차는 물병은 ㉰ 컵으
  로 21번 부어야 가득 차게 됩니다.

|     | 물병 ㉮ | 물병 □ |
|-----|-------|-------|
| ㉯ 컵 | 5     | 15    |
| ㉰ 컵 | 7     | 21    |

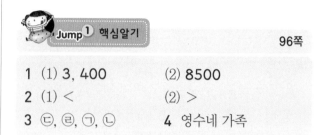
1 (1) 3, 400          (2) 8500
2 (1) <               (2) >
3 ㉢, ㉣, ㉠, ㉡          4 영수네 가족

1 (1) 3400 mL=3000 mL+400 mL
             =3 L+400 mL
             =3 L 400 mL
  (2) 8 L 500 mL=8 L+500 mL
               =8000 mL+500 mL
               =8500 mL

2 (1) 2 L=2000 mL이므로 200 mL<2 L입
      니다.
  (2) 10 L 650 mL
      =10000 mL+650 mL
      =10650 mL>10540 mL

3 ㉡ 70 L 95 mL=70095 mL
  ㉣ 70 L 55 mL=70055 mL
  따라서 ㉢<㉣<㉠<㉡입니다.

4 1 L 300 mL=1300 mL입니다.
  1300>1250이므로 영수네 가족이 가영이네
  가족보다 우유를 더 많이 마셨습니다.

Jump 2 핵심응용하기

97쪽

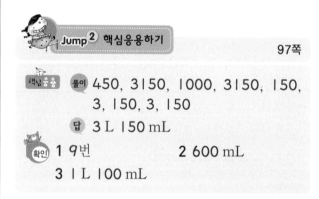

1 5 L=5000 mL입니다.
  600 mL 들이 그릇으로 8번 덜어 내면 덜어 낸
  물의 양은 600×8=4800(mL)이고
  600 mL 들이 그릇으로 9번 덜어 내면 덜어 낸
  물의 양은 600×9=5400(mL)입니다.
  따라서 5 L의 물을 600 mL 들이 그릇으로 모
  두 덜어 내려면 적어도 9번 덜어 내야 합니다.

**2** 3 L=3000 mL입니다.
따라서 병아리 한 마리를 그리는 데 사용한 페인트의 양은 3000÷5=600(mL)입니다.

**3** 병 1개에 넣을 딸기 우유는 12÷6=2(컵)이므로 한 병에 담긴 딸기 우유는
550+550=1100(mL)입니다.
따라서 1 L 100 mL입니다.

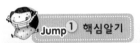 **Jump 1 핵심알기**                          98쪽

**1** 합 : 10 L 100 mL, 차 : 2 L 700 mL
**2** ㉠
**3** 6 L 400 mL
**4** 700 mL
**5** 2 L 300 mL

**1** 3700 mL=3 L 700 mL

$$\begin{array}{r} \overset{1}{3}\,L\ \ 700\ mL \\ +\ 6\,L\ \ 400\ mL \\ \hline 10\,L\ \ 100\ mL \end{array} \qquad \begin{array}{r} \overset{5}{\cancel{6}}\,L\ \overset{1000}{400}\ mL \\ -\ 3\,L\ \ 700\ mL \\ \hline 2\,L\ \ 700\ mL \end{array}$$

**2** ㉠ 2 L 200 mL+1 L 900 mL
    =4 L 100 mL
  ㉡ 6 L 300 mL−2 L 500 mL
    =3 L 800 mL
  ㉢ 1 L 400 mL+1 L 600 mL=3 L

**3** (전체 물의 양)
    =(처음에 있던 물의 양)+(더 부은 물의 양)
    =3 L 600 mL+2 L 800 mL
    =6 L 400 mL

**4** (남은 우유의 양)
    =(처음에 있던 우유의 양)−(마신 우유의 양)
    =3 L 400 mL−2 L 700 mL=700 mL

**5** (남은 기름의 양)
    =(처음에 있던 기름의 양)−(사용한 기름의 양)
    =5 L−2 L 700 mL=2 L 300 mL

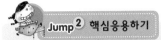 **Jump 2 핵심응용하기**                    99쪽

**핵심응용** 풀이 180, 180, 860, 860, 1540, 1, 540, 1, 540, 2, 760
  답 **2 L 760 mL**
  확인 **1** 3 L 250 mL  **2** 2 L 700 mL
      **3** 1 L 400 mL

**1** (페인트 전체의 양)
    =5 L 200 mL+2650 mL
    =5 L 200 mL+2 L 650 mL
    =7 L 850 mL
  (남은 페인트의 양)
    =7 L 850 mL−4 L 600 mL
    =3 L 250 mL

**2** (300 mL 들이의 컵으로 덜어 낸 물의 양) :
    300×6=1800(mL) ➡ 1 L 800 mL
  (500 mL 들이의 컵으로 덜어 낸 물의 양) :
    500×3=1500(mL) ➡ 1 L 500 mL
  따라서 그릇에 남아 있는 물의 양은
  6 L−1 L 800 mL−1 L 500 mL
  =2 L 700 mL입니다.

**3** 두 물통에 들어 있는 물의 양은
  16 L 400 mL+13 L 600 mL=30 L이므로 두 물통에 들어 있는 물의 양을 같게 하려면 한 통에 15 L씩 넣어야 합니다.
  따라서 ㉮ 물통에 들어 있는 물을
  16 L 400 mL−15 L=1 L 400 mL만큼
  ㉯ 물통으로 옮기면 됩니다.

 **Jump 1 핵심알기**                          100쪽

**1** 사과
**2** (1) **22개** (2) **27개** (3) 배, **5**
**3** 배, 100원짜리 동전 **9개**

**1** 사과와 감자의 무게가 같고, 감자가 귤보다 무거우므로 사과가 귤보다 더 무겁습니다.

2 (1) 사과는 동전 **22**개와 수평을 이룹니다.
(2) 배는 동전 **27**개와 수평을 이룹니다.

3 배가 100원짜리 동전 42−33=9(개)만큼 더 무겁습니다.

**Jump② 핵심응용하기**

101쪽

 풀이 350, 1050, 600, 2400, 2400, 1050, 1350

답 1350 g

확인 1 귤
2 가 컵이 동전 **4**개만큼 더 무겁습니다.

1 토마토는 귤보다 무겁고 복숭아는 토마토보다 무겁습니다.
따라서 귤<토마토<복숭아이므로 가장 가벼운 것은 귤입니다.

2 가 컵의 무게는 동전 23개의 무게와 같고 나 컵의 무게는 동전 19개의 무게와 같습니다.
따라서 가 컵이 동전 23−19=4(개)만큼 더 무겁습니다.

**Jump① 핵심알기**

102쪽

1 (1) 3000 (2) 7 (3) 5750 (4) 2, 5
2 250 g          3 ㉢, ㉠, ㉣, ㉡
4 (1) g (2) kg (3) t

1 (3) 5 kg 750 g=5000 g+750 g=5750 g
(4) 2005 kg=2000 kg+5 kg=2 t 5 kg

2 작은 눈금 한 칸의 크기는 10 g이므로 저울의 눈금은 250 g입니다.

3 ㉠ 3 kg=3000 g   ㉡ 2 kg 300 g=2300 g
㉣ 3 kg 20 g=3020 g
따라서 ㉢<㉠<㉣<㉡입니다.

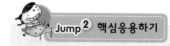 **Jump② 핵심응용하기**

103쪽

 풀이 100, 300, 1100, 1600, 파인애플

답 파인애플

확인 1 3000 g          2 2 kg 400 g
3 60개

1 (수박 9개의 무게)=30−3=27(kg)
(수박 한 개의 무게)=27÷9=3(kg)
따라서 1 kg=1000 g이므로 수박 한 개의 무게는 3000 g입니다.

2 대추는 밤 무게의 반을 사 왔으므로
1200÷2=600(g)이고 호두는 대추 무게의 4배를 사 왔으므로 600×4=2400(g)입니다. 따라서 2400 g=2000 g+400 g=2 kg 400 g입니다.

3 (사과 9개)=(배 8개), (배 4개)=(귤 10개)이므로 (배 8개)=(귤 20개)입니다.
따라서 (사과 9개)=(귤 20개)이므로
(사과 27개)=(귤 60개)입니다.

**Jump① 핵심알기**

104쪽

1 (1) 58 kg 560 g     (2) 24 kg 410 g
2 ㉡, ㉢, ㉠        3 32 kg 620 g
4 1 kg 300 g        5 6 kg 520 g

1 (1)
```
      1
  25 kg 840 g
+ 32 kg 720 g
  58 kg 560 g
```
(2)
```
  48    1000
  49 kg 230 g
− 24 kg 820 g
  24 kg 410 g
```

2 ㉠ 34 kg 140 g   ㉡ 33 kg 710 g
㉢ 33 kg 840 g

3 1320 g=1 kg 320 g이므로
31 kg 300 g+1320 g

=31 kg 300 g+1 kg 320 g
=32 kg 620 g입니다.
따라서 한솔이의 몸무게는 32 kg 620 g입니다.

4 (사과 3개의 무게)
　＝(쟁반에 올려놓은 사과의 무게)
　　　－(쟁반의 무게)
　＝2 kg 200 g－900 g
　＝1 kg 1200 g－900 g
　＝1 kg 300 g

5 (간장의 무게)
　＝(간장이 든 항아리의 무게)－(항아리의 무게)
　＝10 kg 120 g－3 kg 600 g
　＝9 kg 1120 g－3 kg 600 g
　＝6 kg 520 g

 **Jump² 핵심응용하기**
105쪽

 풀이 150, 1350, 1, 350, 400,
2800, 2, 800, 1, 350, 2, 800,
4, 150, 6, 100, 4, 150, 1, 950

답 1 kg 950 g

 1 36 kg 960 g　　　　2 57 kg
3 3상자

1 (강아지의 무게)＝4720 g＝4 kg 720 g,
　(고양이의 무게)＝4 kg 720 g－1 kg 300 g
　　　　　　　　　＝3 kg 420 g
　(강아지와 고양이 무게)
　＝4 kg 720 g＋3 kg 420 g＝8 kg 140 g
　따라서 규형이의 몸무게는
　45 kg 100 g－8 kg 140 g＝36 kg 960 g
　입니다.

2 (석기의 몸무게)
　＝(동생 몸무게의 2배)－10 kg 500 g
　＝22 kg 500 g＋22 kg 500 g－10 kg 500 g
　＝34 kg 500 g입니다.
　따라서 석기와 동생의 몸무게의 합은
　34 kg 500 g＋22 kg 500 g＝57 kg입니다.

3 (쌀과 참외 한 상자의 무게)
　＝3 kg＋2 kg 550 g＝5 kg 550 g이므로
　배달 받기 위해 더 사야 할 참외의 무게는
　12 kg－5 kg 550 g＝6 kg 450 g입니다.
　참외 한 상자의 무게는 2 kg 550 g, 참외 2상
　자의 무게는
　2 kg 550 g＋2 kg 550 g＝5 kg 100 g,
　참외 3상자의 무게는
　5 kg 100 g＋2 kg 550 g＝7 kg 650 g입니다.
　5 kg 100 g＜6 kg 450 g＜7 kg 650 g이므
　로 적어도 참외 3상자를 더 사야 배달 받을 수
　있습니다.

 **Jump³ 왕문제**
106~111쪽

1 1800 mL 또는 1 L 800 mL,
　3000 mL 또는 3 L,
　1200 mL 또는 1 L 200 mL
2 물통, 2150 mL　　　3 1650 mL
4 5 L 500 mL　　　　5 100분
6 아버지 : 9 L 600 mL, 딸 : 8 L 200 mL
7 5 L 600 mL　　　　8 6일
9 166 g　　　　　　10 나 물통, 2 kg 880 g
11 2 kg 500 g　　　　12 5 kg 700 g
13 12000원
14 장난감 : 250 g, 쟁반 : 300 g
15 ㉮ : 10 g, ㉯ : 20 g, ㉰ : 30 g, ㉱ : 40 g
16 1 L 700 mL　　　　17 9 t 900 kg
18 4 g

2 (양동이의 들이)
　＝1200＋1200＋1800＋1800＋1800
　　＋200＋200
　＝8200(mL)
　(물통의 들이)
　＝3000＋3000＋1800＋1800＋150×5
　＝10350(mL)
　따라서 물통의 들이가

$10350 - 8200 = 2150(mL)$ 더 많습니다.

**3** (주전자에 남은 물의 양)
$= 1200 + 900 - 150 \times 3 = 1650(mL)$

**4** 4월 1일이 목요일이므로 2, 9, 16, 23, 30일은
금요일이고 5, 12, 19, 26일은 월요일입니다.
따라서 4월에는 월요일이 4번, 금요일이 5번
있으므로 4월 한 달 동안 떠 온 물의 양은 모두
$500 \, mL \times 4 + 700 \, mL \times 5$
$= 2000 \, mL + 3500 \, mL = 5500 \, mL$
$= 5 \, L \, 500 \, mL$입니다.

**5** $1 \, L = 1000 \, mL$이므로 $50 \, L = 50000 \, mL$입니다.
(1분 동안 채워지는 물의 양)
$= 1200 - 700 = 500(mL)$이므로
$50000 \, mL$의 물통을 가득 채우는 데 걸리는
시간은 $50000 \div 500 = 100(분)$입니다.

**6**

아버지 ├───────────┤
　　　　　│ 1 L 400 mL
딸 ├─────┤

(딸이 마실 우유의 양)
$= (17 \, L \, 800 \, mL - 1 \, L \, 400 \, mL) \div 2$
$= 16 \, L \, 400 \, mL \div 2$
$= 16400 \, mL \div 2 = 8200 \, mL$
$= 8 \, L \, 200 \, mL$이므로
(아버지가 마실 우유의 양)
$= 8 \, L \, 200 \, mL + 1 \, L \, 400 \, mL$
$= 9 \, L \, 600 \, mL$입니다.

**7** $6 \, L \, 300 \, mL = 6300 \, mL$입니다. 동민이의
그릇의 들이를 $\square$라 하면 영수의 그릇의 들이는
$(\square \times 8)$이고 $\square + \square \times 8 = 6300$,
$\square \times 9 = 6300$, $\square = 700(mL)$이므로
동민이의 그릇의 들이는 $700 \, mL$입니다.
따라서 영수의 그릇의 들이는
$700 \times 8 = 5600(mL)$이므로 $5 \, L \, 600 \, mL$
입니다.

**8** 현재 가지고 있는 주스의 양은 한별이가 예슬이
보다 $5 \, L \, 400 \, mL - 4 \, L \, 200 \, mL = 1 \, L$
$200 \, mL = 1200 \, mL$ 더 많이 가지고 있으나
한별이가 매일 마시는 주스의 양은 예슬이보다
$500 - 300 = 200(mL)$씩 더 많습니다.
따라서 $1200 \div 200 = 6(일)$ 동안 마셨을 때 두

사람의 남은 주스의 양이 같아집니다.

**9** (쇠구슬 한 개의 무게)
$= (1375 - 910) \div 5 = 93(g)$
(상자의 무게) $= 910 - 93 \times 7 = 259(g)$
따라서 상자의 무게는 쇠구슬 한 개의 무게보다
$259 - 93 = 166(g)$ 더 무겁습니다.

**10** (가 물통에 들어 있는 물의 무게)
$= 8 \, kg \, 200 \, g - 500 \, g = 7 \, kg \, 700 \, g$이고
(나 물통에 들어 있는 물의 무게)
$= 11 \, kg \, 300 \, g - 720 \, g = 10 \, kg \, 580 \, g$
입니다.
따라서 $10 \, kg \, 580 \, g - 7 \, kg \, 700 \, g$
$= 2 \, kg \, 880 \, g$이므로
나 물통에 들어 있는 물이
$2 \, kg \, 880 \, g$ 더 많이 들어 있습니다.

**11** (한초의 몸무게) + (강아지의 무게) $= 35 \, kg$이
고 (가영이의 몸무게) + (강아지의 무게)
$= 31 \, kg \, 400 \, g$이므로
(한초의 몸무게) + (강아지의 무게)
$+$ (가영이의 몸무게) + (강아지의 무게)
$= 35 \, kg + 31 \, kg \, 400 \, g = 66 \, kg \, 400 \, g$입니다.
(한초의 몸무게) + (가영이의 몸무게)
$= 61 \, kg \, 400 \, g$이므로
(강아지의 무게) + (강아지의 무게) $= 5 \, kg$입니다.
따라서 (강아지의 무게) $= 5 \, kg \div 2$
$= 5000 \, g \div 2 = 2500 \, g = 2 \, kg \, 500 \, g$입니다.

**12** ㉠$+$㉡$=$(배 8개의 무게)$= 3300 + 1500$
　　　　　　　　　　　　　$= 4800(g)$,
(배 1개의 무게) $= 600 \, g$
(배 1개의 무게) $= 600 \, g$이므로
$600 \times 4 +$ (사과 2개의 무게) $= 3300 \, g$,
(사과 2개의 무게) $= 900 \, g$,
(사과 1개의 무게) $= 450 \, g$
따라서 (배 5개의 무게) $= 600 \, g \times 5 = 3000 \, g$
➡ $3 \, kg$
(사과 6개의 무게) $= 450 \, g \times 6 = 2700 \, g$
　　　　　　　　　　　$= 2 \, kg \, 700 \, g$
➡ $3 \, kg + 2 \, kg \, 700 \, g = 5 \, kg \, 700 \, g$

**13** 감자 1 kg이 1600원이므로 1 kg의 반인
500 g은 800원입니다.
➡ (감자 1 kg 500g)

=1600+800=2400(원)

돼지고기 600 g에 7200원이므로

돼지고기 100 g은 7200÷6=1200(원)입니다.

➡ (돼지고기 800g)=1200×8=9600(원)

따라서 감자 1 kg 500 g과 돼지고기 800 g을

사고 지불한 돈은 모두

2400+9600=12000(원)입니다.

**14** (장난감 6개의 무게)+(쟁반의 무게)

=1 kg 800 g=1800 g이고

(장난감 4개의 무게)+(쟁반의 무게)=1300 g

이므로

(장난감 2개의 무게)

=1800-1300=500(g)입니다.

따라서 장난감 한 개의 무게는

500÷2=250(g)입니다.

(장난감 4개의 무게)+(쟁반의 무게)=1300(g)

이므로

(쟁반의 무게)=1300-(250×4)

=1300-1000=300(g)입니다.

**15** (쇠구슬 ㉮)+(쇠구슬 ㉯)=(쇠구슬 ㉰)

(쇠구슬 ㉯)+(쇠구슬 ㉰)

=(쇠구슬 ㉮)+(쇠구슬 ㉱)

(쇠구슬 ㉰)=30 g이면

(쇠구슬 ㉮)<(쇠구슬 ㉯)이므로

(쇠구슬 ㉮)=10 g, (쇠구슬 ㉯)=20 g입니다.

따라서 (쇠구슬 ㉯)+(쇠구슬 ㉰)

=(쇠구슬 ㉮)+(쇠구슬 ㉱)

=20 g+30 g=10 g+40 g이므로

㉮=10 g, ㉯=20 g, ㉰=30 g, ㉱=40 g

입니다.

**16** 작은 병의 들이를 □라고 하면, 중간 병의 들이

는 □+300 mL이고, 큰 병의 들이는

□+300 mL+200 mL=□+500 mL입니다.

세 병의 들이의 합이 4 L 400 mL이므로

□+□+300 mL+□+500 mL

=4 L 400 mL,

□+□+□

=4 L 400 mL-300 mL-500 mL

=3 L 600 mL,

□=1 L 200 mL입니다.

따라서 큰 병의 들이는

1 L 200 mL+500 mL=1 L 700 mL입니다.

**17** (50 kg인 사람 14명의 무게)

=50×14=700(kg)

(70 kg인 사람 12명의 무게)

=70×12=840(kg)

(30 kg인 상자 12개의 무게)

=30×12=360(kg)

(전체의 무게)

=8 t+700 kg+840 kg+360 kg

=8 t+1900 kg=9 t 900 kg

**18** 12 g을 재려면 4+8=12이므로 4 g, 8 g짜

리 추가 필요합니다.

7 g을 재려면 1+2+4=7이므로 1 g, 2 g,

4 g짜리 추가 필요합니다.

12 g과 7 g을 잴 수 없으므로 잃어버린 추는

공통으로 필요한 4 g짜리 추입니다.

**Jump 4 왕중왕문제** 112~117쪽

**1** 1 L 350 mL

**2** A : 2 L 500 mL, B : 4 L 300 mL,

C : 3 L 800 mL

**3** 1 L 600 mL   **4** 1000 L

**5** ㉲, ㉠, ㉡

**6 예** 400 mL 들이 컵에 물을 가득 채운 후

900 mL 들이 컵에 2번 붓습니다. 그후

다시 400 mL 들이 컵에 물을 가득 채운

후 900 mL 들이 컵에 가득 찰 때까지 부

으면 400 mL 들이 컵에 300 mL의 물이

남습니다.

**7** 64컵   **8** 300 g

**9** 2 kg 500 g   **10** 4 kg 284 g

**11** 흰색 구슬 : 150 g, 검은색 구슬 : 200 g

**12** 132 g   **13** 1720 g

**14** 바나나   **15** 50 g

**16** 36   **17** 8분

**18** 풀이 참조

1

   $1$ L$=1000$ mL이므로 $9$ L$=9000$ mL입니다.

   (㉮$+$㉯$+$㉰)$\times 2$

   $=($㉯$\times 10)\times 2=9000$ (mL)이므로

   물통 ㉯의 들이는 $9000\div 2\div 10=450$ (mL)입니다.

   따라서 물통 ㉮의 들이는 물통 ㉯의 들이의 $3$배이므로

   $450$ mL$\times 3=1350$ mL$=1$ L $350$ mL입니다.

2 $A+B=6$ L $800$ mL, $B+C=8$ L $100$ mL, $C+A=6$ L $300$ mL

   $A+B+C$

   $=(6$ L $800$ mL$+8$ L $100$ mL

   $\quad+6$ L $300$ mL$)\div 2$

   $=21$ L $200$ mL$\div 2=21200$ mL$\div 2$

   $=10$ L $600$ mL

   따라서 $A=10$ L $600$ mL$-8$ L $100$ mL

   $\qquad\qquad\quad =2$ L $500$ mL,

   $B=10$ L $600$ mL$-6$ L $300$ mL

   $\quad =4$ L $300$ mL,

   $C=10$ L $600$ mL$-6$ L $800$ mL

   $\quad =3$ L $800$ mL입니다.

3

   $1$ L$=1000$ mL이므로 $5$ L$=5000$ mL입니다.

   (웅이가 마실 우유의 양)

   $=(5000$ mL$-800$ mL$+600$ mL$)\div 3$

   $=1600$ mL$=1$ L $600$ mL입니다.

4 가로 : $100\div 10=10$(개),

   세로 : $100\div 10=10$(개),

   높이 : $100\div 10=10$(층)

   따라서 들이가 $1$ L인 그릇이

   $10\times 10\times 10=1000$(개) 들어가므로

   $1000$ L입니다.

5 ㉠ $5$ L $200$ mL$-800$ mL$\times 2$

   $\quad =5200-1600=3600$ (mL)

   ㉡ $400$ mL$\times 8=3200$ (mL)

   ㉢ $2$ L $800$ mL$+700$ mL$\times 4$

   $\quad =2800+2800=5600$ (mL)

   따라서 물의 양이 가장 많은 것부터 쓰면 ㉢, ㉠, ㉡입니다.

7 ㉮$=$㉯$+14$컵, ㉯$+$㉯$=$㉮$+11$컵이므로

   ㉯$+$㉯$=$㉯$+14$컵$+11$컵에서 ㉯$=25$컵입니다. ㉮$=25$컵$+14$컵$=39$컵이므로 ㉮와 ㉯를 모두 가득 채우는데 필요한 물은

   $39$컵$+25$컵$=64$컵입니다.

8 $1$ kg$=1000$ g이므로

   $12$ kg $600$ g$=12600$ g입니다.

   (통조림이 들어 있는 상자 $1$개의 무게)

   $=12600\div 5=2520$ (g)이고

   (통조림 $6$개의 무게)$=370\times 6=2220$ (g)입니다.

   따라서 (빈 상자 한 개의 무게)

   $=2520-2220=300$ (g)입니다.

9 (배 $3$개의 무게)$=10$ kg $500$ g$-8$ kg $100$ g

   $\qquad\qquad\qquad =2$ kg $400$ g$=2400$ g이고

   (배 $10$개의 무게)$=(2400\div 3)\times 10$

   $\qquad\qquad\qquad\quad =8000$ (g)

   즉, $8$ kg입니다.

   따라서 (바구니만의 무게)

   $=10$ kg $500$ g$-8$ kg$=2$ kg $500$ g입니다.

10 볶음밥 $1$인분을 만드는 데 필요한 재료의 무게는

   쌀 : $1250\div 5=250$ (g),

   쇠고기 : $400\div 5=80$ (g),

   당근 : $350\div 5=70$ (g),

   양파 : $130\div 5=26$ (g),

   달걀 : $250\div 5=50$ (g)이므로

   $250+80+70+26+50=476$ (g)입니다.

   따라서 $9$인분의 볶음밥을 만드는 데 필요한 재료의 무게는 $476\times 9=4284$ (g)이므로 $4$ kg $284$ g입니다.

11 ㉯에서 (흰색 구슬 $3$개)$+$(검은색 구슬 $3$개)

   $=1050$ (g)이므로

   (흰색 구슬 $1$개)$+$(검은색 구슬 $1$개)

   $=1050\div 3=350$ (g)입니다.

㉮에서 (흰색 구슬 4개)+(검은색 구슬 4개)=(흰색 구슬 8개)+(검은색 구슬 1개)이므로 흰색 구슬 7개의 무게는 1050 g이며 흰색 구슬 1개의 무게는 1050÷7=150(g), 검은색 구슬 1개의 무게는 350−150=200(g)입니다.

**12** ㉡ : (참외 6개의 무게)=(복숭아 3개의 무게)

㉢ : (참외 6개의 무게)+(복숭아 6개의 무게)

=(복숭아 3개의 무게)
    +(복숭아 6개의 무게)

=(복숭아 9개의 무게)=2970 g

이므로 (복숭아 1개의 무게)

=2970÷9=330(g)입니다.

또한 (참외 2개의 무게)

=(복숭아 1개의 무게)이므로

(참외 1개의 무게)=330÷2=165(g),

㉠ : (참외 8개의 무게)=(감 10개의 무게)이고

(참외 8개의 무게)=165×8=1320(g)

이므로 (감 1개의 무게)=1320÷10

=132(g)입니다.

**13** 우유와 오렌지 주스의 무게 : 580 g

(저울)+(우유)+(오렌지주스)=2 kg 300 g

(저울의 무게)=2 kg 300 g−580 g

=2300−580=1720 g

**14** 무우 : 430 g

=270 g+210 g+120 g−170 g

배추 : 500 g=210 g+170 g+120 g

참외 : 350 g

=270 g+170 g+120 g−210 g

주어진 추로 바나나 무게 610 g은 잴 수 없습니다.

**15** ㉡은 ㉢+35와 같으므로 50 g이거나 70 g입니다.

그리고 ㉡+35와 ㉠+㉢이 같은데, ㉡이 70 g이면 ㉡+35는 105 g이므로 나머지 15 g, 35 g, 50 g 중에서 ㉠+㉢은 105 g이 될 수 없습니다. 따라서 ㉡은 50 g입니다.

**16** 8×□=12×△인 □와 △를 찾아 합이 60인 경우를 알아봅니다.

8 g짜리의 추 12개와 12 g짜리 추 8개의 무게

는 같습니다. 이 때 양쪽의 추는 합해서 모두 20개입니다. 또,

8 g짜리의 추 24개와 12 g짜리 추 16개의 무게는 같습니다. (양쪽의 추는 합해서 40개)

8 g짜리의 추 36개와 12 g짜리 추 24개의 무게는 같습니다. (양쪽의 추는 합해서 60개)

그러므로 □+△=60인 경우 □=36일 때입니다.

**17** ㉮, ㉯ 두 물통에 들어 있는 물의 양의 합은

100 L+580 L=680 L이고,

340 L+340 L=680 L이므로

두 물통에 들어 있는 물의 양이 같아졌을 때 한 물통에는 340 L씩 물이 들어 있습니다.

즉 ㉯ 물통에서 ㉮ 물통으로

580 L−340 L=240 L의 물을 옮겨 넣었습니다.

펌프는 1분에 8 L의 물을 옮기므로 30분에

8×30=240(L)의 물을 옮깁니다.

따라서 펌프를 사용한 시간은 30분이므로 펌프가 정지한 시간은 38−30=8(분)입니다.

**18** **예** ① 60 g인 물건의 무게 :

1+3+9+27+81=121이므로

121+60=181에서 1 g을 제외한 나머지 추로 90 g씩 평형을 이루게 합니다.

즉, 60 g짜리 물건이 있는 쪽에 3 g과 27 g의 추를 놓고, 다른 쪽에는 81 g과 9 g의 추를 놓으면 됩니다.

② 101 g인 물건의 무게 :

121+101=222이므로 111 g씩 평형을 이루게 합니다. 즉, 101 g짜리 물건이 있는 쪽에 1 g과 9 g의 추를 놓고, 다른 쪽에는 81 g, 27 g, 3 g의 추를 놓으면 됩니다.

**Jump 5** 영재교육원 입시대비문제　118쪽

> 1 ㉮ : 66 L, ㉯ : 30 L　　2 3번

**1** 표를 그려 거꾸로 생각해 봅니다.

| 물통 옮긴 횟수 | ㉮ | ㉯ |
|---|---|---|
| 3회 | 48 | 48 |
| 2회 | 72 | 24 |
| 1회 | 36 | 60 |
| 0회(처음) | 66 | 30 |

**2** 18개의 금화에 A, B, C, D, …, R이라고 이름을 붙이고 18개의 금화를 무작위로 3그룹 ((ABCDEF), (GHIJKL), (MNOPQR))으로 나누어서 재어 보면

① ABCDEF=GHIJKL이면 MNOPQR 중에 가짜가 있습니다 ➡ 1번

㉠ MNO<PQR이면 MNO 중에 가짜가 있습니다. ➡ 2번
M<N이면 M이 가짜이고 M>N이면 N이 가짜이며 M=N이면 O가 가짜입니다. ➡ 3번

㉡ MNO>PQR이면 PQR 중에 가짜가 있습니다. ➡ 2번
P<Q이면 P가 가짜이고 P>Q이면 Q가 가짜이며 P=Q이면 R이 가짜입니다. ➡ 3번

② ABCDEF<GHIJKL이면 ABCDEF 중에 가짜가 있습니다. ➡ 1번

㉠ ABC<DEF이면 ABC 중에 가짜가 있습니다. ➡ 2번
A<B이면 A가 가짜이고 A>B이면 B가 가짜이며 A=B이면 C가 가짜입니다. ➡ 3번

㉡ ABC>DEF이면 DEF 중에 가짜가 있습니다. ➡ 2번
D<E이면 D가 가짜이고 D>E이면 E가 가짜이며 D=E이면 F가 가짜입니다. ➡ 3번

③ ABCDEF>GHIJKL이면 GHIJKL 중에 가짜가 있습니다. ➡ 1번

㉠ GHI<JKL이면 GHI 중에 가짜가 있습니다. ➡ 2번
G<H이면 G가 가짜이고 G>H이면 H가 가짜이며 G=H이면 I가 가짜입니다. ➡ 3번

㉡ GHI>JKL이면 JKL 중에 가짜가 있습니다. ➡ 2번
J<K이면 J가 가짜이고 J>K이면 K가 가짜이며 J=K이면 L이 가짜입니다. ➡ 3번

따라서 각각의 경우 최소한 3번을 재어야 가짜를 찾을 수 있습니다.

# 6 자료의 정리

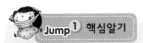

**Jump ❶ 핵심알기**     120쪽

1 6학년      2 22명
3 280명      4 37명

2 $70-48=22$(명)

4 휴대 전화를 가지고 있는 학생이 가장 많은 학년은 6학년으로 85명이고 가장 적은 학년은 3학년으로 48명이므로 학생 수의 차는 $85-48=37$(명)입니다.

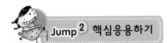

**Jump ❷ 핵심응용하기**     121쪽

 풀이 Ⅰ학년부터 6학년까지의 2반의 학생 수의 합, 3학년 Ⅰ반부터 3반까지의 학생 수의 합, Ⅰ학년부터 6학년까지 전체 학생 수의 합

 1 8명
      2 피구, 배드민턴, 수영

1 수영을 좋아하는 학생 수와 골프를 좋아하는 학생 수의 합은 12명입니다.
따라서 수영을 좋아하는 학생 수는
$(12+4)\div2=8$(명)입니다.

2 수영을 좋아하는 학생 수는 8명, 골프를 좋아하는 학생 수는 4명입니다.
따라서 가장 많은 학생들이 좋아하는 운동부터 차례대로 3종목을 쓰면 10명인 피구, 9명인 배드민턴, 8명인 수영입니다.

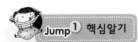

**Jump ❶ 핵심알기**     122쪽

1 46, 37, 28, 34, 145
2 영국      3 145명

3 $46+37+28+34=145$(명)

**Jump ❷ 핵심응용하기**     123쪽

 풀이 25, 16, 12, 바나나, 22, 5, 25, 16, 12, 22, 5, 80
답 25, 16, 12, 바나나, 22, 5, 80

확인 1 귤      2 귤, 바나나, 사과, 배, 수박
3 표

**Jump ❶ 핵심알기**     124쪽

1 라 마을
2

| 마을 | 가구 수 |
|------|---------|
| 가 | 🏠🏠🏠🏠🏠 |
| 나 | 🏠🏠🏠🏠🏠 |
| 다 | 🏠🏠🏠🏠 |
| 라 | 🏠🏠🏠 |

🏠100가구
🏠10가구

3 가 마을, 다 마을     4 그림그래프

3 나 마을의 신문을 보는 가구 수는 250가구입니다.

**Jump ❷ 핵심응용하기**     125쪽

풀이 190, 130, 150, 은빛, 130, 150 350, 별빛, 190, 360, 서쪽, 360 350, 10
답 서쪽, 10명

확인 1

| 마을 | 나무 수 |
|------|---------|
| 가 | 🌳🌳🌳🌳🌳 |
| 나 | 🌳🌳🌳 |
| 다 | 🌳 |
| 라 | 🌳🌳🌳 |

🌳100그루
🌳10그루

1 (나 마을의 나무 수)$=320$(그루),
(라 마을의 나무 수)$=330$(그루)이므로 가와 다 마을의 나무 수는

1280−(320+330)=630(그루)입니다.
따라서 가 마을의 나무 수는 다 마을의 나무 수의 2배이므로 가 마을의 나무 수는 420그루이고 다 마을의 나무 수는 210그루입니다.

 Jump<sup>3</sup> 왕문제

126~131쪽

1 3600대          2 1700대

3 12타

4 46명          5 33명

6
〈학년별 안경을 쓴 학생 수〉

| 1학년 | 2학년 | 3학년 |
|---|---|---|

| 4학년 | 5학년 | 6학년 |
|---|---|---|

◯10명  ◦1명

7 746명

8
〈마을별 콩 생산량〉

| 가 마을 | |
|---|---|
| 나 마을 | |
| 다 마을 | |
| 라 마을 | |

▨ : 1000 kg, ◐ : 100 kg, ▲ : 10 kg

    1040 kg          9 24000원

10 7700개          11 6개, 3개, 3개

12 2270 kg

13 250, 370, 320, 410, 1350

14 160명          15 400그루

16 10명          17 129000원

18 🌷🌿🌿🌿🌿🌿🌿🌿🌿, 50송이

19 16400원

20
월별 이웃돕기 성금

| 월 | 성금 |
|---|---|
| 8월 | ☆☆▨ |
| 9월 | ☆☆◦▨▨▨ |
| 10월 | ☆☆☆ |
| 11월 | ☆☆☆☆☆◦▨▨▨▨ |
| 12월 | ☆☆☆◦▨▨▨ |

☆ 1000원
◦ 500원
▨ 100원

21 1050대

1 11100−2400−3200−1900=3600(대)

2 가장 많은 마을은 3600대, 가장 적은 마을은 1900대이므로 3600−1900=1700(대) 더 많습니다.

3 이 학교의 3학년 전체 학생 수는
27+29+25+27+26=134(명)입니다.
또, 연필 한 타는 12자루이고, 10타는 120자루, 11타는 132자루입니다. 따라서 134명의 어린이에게 나눠 주기 위해서는 12타가 필요합니다.

4 (바나나와 귤을 좋아하는 학생 수)
=322−(124+83)=115(명)
따라서 귤을 좋아하는 학생 수는
(115−23)÷2=46(명)입니다.

5 안경을 쓴 3학년 학생 수는 6학년 학생 수의
$\frac{3}{5}$이므로 55÷5×3=33(명)입니다.

6 안경을 쓴 5학년 학생 수는 3학년 학생 수보다 8명 더 많다고 하였으므로 33+8=41(명)입니다.

7 학년별로 안경을 쓴 학생 수를 모두 더합니다.
➡ 44+49+33+52+41+55=274(명)
따라서 안경을 쓰지 않은 학생은
1020−274=746(명)입니다.

8 가 마을 : 1000+3×100+8×10
          =1380(kg)
다 마을 : 2×1000+4×100+10
          =2410(kg)
라 마을 : 2×1000+3×100+4×10
          =2340(kg)
나 마을 : 7500−(1380+2410+2340)
          =1370(kg)
따라서 콩 생산량이 가장 많은 마을과 가장 적은 마을의 생산량의 차는
2410−1370=1040(kg)입니다.

9 나 과수원의 감귤 생산량은 320개이므로 나 과수원에서 판 감귤의 값은
320×300=96000(원)입니다.
다 과수원의 감귤 생산량은 240개이므로 다 과수원에서 판 감귤의 값은

$240 \times 300 = 72000$(원)입니다.

따라서 나 과수원에서 판 감귤의 값은 다 과수원에서 판 감귤의 값보다

$96000 - 72000 = 24000$(원) 더 많습니다.

10 가 과수원의 생산량은 260개, 나 과수원의 생산량은 320개, 다 과수원의 생산량은 240개, 라 과수원의 생산량은 280개이므로 네 과수원의 총 생산량은 $260 + 320 + 240 + 280 = 1100$(개)입니다.

따라서 일주일 동안의 감귤 생산량은 $1100 \times 7 = 7700$(개)입니다.

11 별빛 마을의 보리 생산량은 $453 \,\text{kg}$이므로 금빛 마을의 보리 생산량은 $453 + 180 = 633 (\text{kg})$이므로 $100 \,\text{kg}$이 6개, $10 \,\text{kg}$이 3개, $1 \,\text{kg}$이 3개씩입니다.

12 $324 + 453 + 360 + 500 + 633 = 2270 (\text{kg})$

14 사람 수가 가장 많은 동 : 라 동, 410명,
사람 수가 가장 적은 동 : 가 동, 250명
따라서 차는 $410 - 250 = 160$(명)입니다.

15 서쪽의 심은 나무 수가 $120 + 320 = 440$(그루)이고 동쪽이 서쪽보다 220그루 더 많이 심었으므로 동쪽의 심은 나무 수는 $440 + 220 = 660$(그루)입니다.

따라서 샛별 마을의 심은 나무 수는 $660 - 260 = 400$(그루)입니다.

16 가 마을 학생 수 : $10 \times 3 + 3 = 33$(명)
다 마을 학생 수 : $10 \times 2 + 4 = 24$(명)
나 마을 학생 수 : $80 - (33 + 24)$
$= 80 - 57 = 23$(명)

따라서, 3학년 학생 수가 가장 많은 마을과 가장 적은 마을의 학생 수의 차는
$33 - 23 = 10$(명)입니다.

17 일요일에 32개, 월요일에 23개, 화요일에 14개, 수요일에 19개, 목요일에 24개, 금요일에 26개, 토요일에 34개이므로 일주일 동안 판 복숭아의 수는 172개입니다.

따라서 복숭아를 판 돈은 $172 \times 750 = 129000$(원)입니다.

18 (1반이 심은 꽃의 수)=220송이, (5반이 심은 꽃의 수)=150송이, 4반과 5반이 심은 꽃의

수가 320송이이므로

(4반이 심은 꽃의 수)
$= 320 - 150 = 170$(송이)입니다.
따라서 1반과 4반이 심은 꽃의 수의 차는
$220 - 170 = 50$(송이)입니다.

19 8월부터 12월까지 ★이 9개, ●이 10개, ■이 24개이므로
$9000 + 5000 + 2400 = 16400$(원)입니다.

20 월별 금액을 큰 단위의 그림부터 최대한 많이 사용하여 그립니다

21 (가 대리점의 판매량)=360대, (나 대리점의 판매량)=$360 \div 2 = 180$(대)
(다 대리점의 판매량)=$180 + 90 = 270$(대),
(라 대리점의 판매량)=240대
따라서 네 대리점의 자동차 판매량은 모두
$360 + 180 + 270 + 240 = 1050$(대)입니다.

Jump 4 왕중왕문제          132~137쪽

1 4군데          2 5군데

3          동별 거주자 수

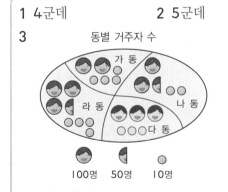

100명   50명   10명

4 2440상자

5          〈학교별 방문한 학생 수〉

| 학교 | 학생 수 |
|------|---------|
| 유치원 | |
| 초등학교 | |
| 중학교 | |
| 고등학교 | |

100명  10명

6          〈학년별 안경을 쓴 학생 수〉

| 학년 | 3학년 | 4학년 | 5학년 | 6학년 |
|------|-------|-------|-------|-------|
| 학생 수 | | | | |

10명  1명

**7** 12명　　　　　　**8** ㉮ : 4명, ㉯ : 3명

**9** 1반 : 144개, 4반 : 192개

**10** 샘물 과수원 : 280상자,
　　냇물 과수원 : 410상자, 풀이 참조

**11** 다 마을 : 350그루, 라 마을 : 280그루,
　　풀이 참조

**12** 160그루

**13** 1, 3, 2, 6, 3 / 1, 2, 7, 3, 2

**14** $\dfrac{5}{15}\left(=\dfrac{1}{3}\right)$　　　　**15** 풀이 참조, 16600원

**16** 학교별 방문한 학생 수

| 초등학교 | 학생 수 |
|---|---|
| 초원 | ⼈⼈⼈⼈⼈⼈⼈⼈ |
| 한울 | ⼈⼈⼈⼈⼈⼈⼈ |
| 신화 | ⼈⼈⼈⼈⼈ |
| 용두 | ⼈⼈⼈⼈⼈⼈ |

⼈100명　⼈10명

**17** 18명

---

**1** 자료의 빈 곳 10군데를 제외하고, 학생들이 좋아하는 과일을 표로 나타내면 다음과 같습니다.

| 과일 | 포도 | 딸기 | 사과 | 배 | 귤 | 바나나 | 키위 | 합계 |
|---|---|---|---|---|---|---|---|---|
| 학생 수(명) | 3 | 6 | 1 | 2 | 3 | 2 | 1 | 18 |

학생 수는 모두 18+10=28(명)이고 7종류의 과일을 좋아하는 학생 수가 서로 다르므로 각각의 과일을 좋아하는 학생 수는
1+2+3+4+5+6+7=28에서 1명, 2명, 3명, …, 7명입니다. 포도를 좋아하는 학생이 가장 많으려면 7명이어야 하므로 자료의 빈 곳 중 7−3=4(군데)에 포도를 써 넣을 수 있습니다.

**2** 1의 표에서 배를 좋아하는 학생은 2명이고 배를 좋아하는 학생이 가장 많으려면 7명이어야 합니다.
따라서 자료의 빈 곳 중 7−2=5(군데)에 배를 써 넣을 수 있습니다.

**3** 가 동에 240명, 나 동 270명, 라 동에 390명이 거주하고 있으므로 다 동에는
1230−(240+270+390)=330(명)이 거주하고 있습니다.

**4** 네 마을의 평균 생산량이 3400상자이므로 네 마을의 총생산량은 3400×4=13600(상자)

입니다.
(라 마을의 생산량)
　=13600−(2340+4130+2350)
　=4780(상자)
따라서 가장 많이 생산한 마을은 라 마을이고 가장 적게 생산한 마을은 가 마을이므로 생산량의 차는 4780−2340=2440(상자)입니다.

**5** 박물관을 방문한 고등학생수는
440÷2=220(명)입니다.
박물관을 방문한 초등학생수는
1480−(250+440+220)=570(명)입니다.

**6** 합계가 225명이고 3학년은 43명이므로
(6학년의 학생 수)
　=225−(43+57+72)=53(명)입니다.
◔은 10명을 나타내고, ◔은 1명을 나타내므로 조사한 수를 ◔과 ◔로 나타냅니다.

**7** 40−(2+3+1+6+3+4+2+3+2+1+1)
　=12(명)

**8** 330−(10×3+9×12+8×7+7×10+6×1)=60(점)
9×㉮+8×㉯=60(점)이 성립하고
㉮+㉯=7인 수는 ㉮ : 4, ㉯ : 3입니다.

**9** 2반 학생들이 먹은 우유의 개수 :
100×2+10+5=215(개)
3반 학생들이 먹은 우유의 개수 :
100+10×4+9=149(개)
1반과 4반 학생들이 먹은 우유의 개수 :
700−(215+149)=336(개)

1반 ├──┼──┼──┤
4반 ├──┼──┼──┼──┤ }336개

따라서 1반 학생들이 먹은 우유의 개수는
336÷7×3=144(개)이고 4반 학생들이 먹은 우유의 개수는 336÷7×4=192(개)입니다.

**10** (샘물과 냇물 과수원의 사과 생산량의 합)
　=(네 과수원의 생산량)
　　−(한우물 과수원의 사과 생산량)
　　−(두물 과수원의 사과 생산량)
　=1480−430−360=690(상자)
샘물 과수원의 사과 생산량을 □상자라고 하면
냇물 과수원의 사과 생산량은 (□+130)상자

입니다.

$\square + \square + 130 = 690$, $\square + \square = 560$,

$\square = 560 \div 2 = 280$

따라서 샘물 과수원의 사과 생산량은 280상자
이고, 냇물 과수원의 사과 생산량은
$280 + 130 = 410$(상자)입니다.

과수원별 사과 생산량

| 과수원 | 생산량 |
|--------|--------|
| 한우물 | 🍎🍎🍎🍎🍎 🍎🍎🍎 |
| 두물 | 🍎🍎🍎🍎 🍎🍎🍎🍎🍎 |
| 샘물 | 🍎🍎 🍎🍎🍎🍎🍎🍎 |
| 냇물 | 🍎🍎🍎🍎 🍎 |

🍎 100상자   🍎 10상자

**11** (강의 북쪽 나무 수)

   = (가 마을 나무 수) + (나 마을 나무 수)

   = $430 + 270 = 700$(그루)

   (강의 남쪽 나무 수) = $700 - 70 = 630$(그루)

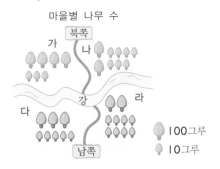

따라서 다 마을의 나무 수는 630그루의 $\dfrac{5}{9}$이므
로 350그루이고, 라 마을의 나무 수는 630그루
의 $\dfrac{4}{9}$이므로 280그루입니다.

마을별 나무 수

🌳 100그루
🌳 10그루

**12** 가 마을이 430그루로 나무 수가 가장 많고, 나
마을이 270그루로 나무 수가 가장 적습니다.

따라서 나무 수의 차는 $430 - 270 = 160$(그
루)입니다.

**14** 70점이거나 70점보다 높은 점수를 받은 학생
수 : $3 + 2 = 5$(명)

전체 학생 수 : 15명

따라서 분수로 나타내면 $\dfrac{5}{15}$입니다.

**15** 신영이는 3500원, 용준이는 4700원, 선화는

4600원, 준호는 3800원이므로 4명이 받는 용
돈은 모두 $3500 + 4700 + 4600 + 3800 =$
16600(원)입니다.

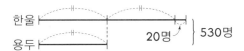

**16** (한울 초등학교 학생 수) + (용두 초등학교 학생 수)

   = $1240 - 380 - 330 = 530$(명)

따라서 용두 초등학교 학생 수는

   $(530 - 20) \div 3 = 510 \div 3 = 170$(명),

   한울 초등학교 학생 수는

   $170 \times 2 + 20 = 340 + 20 = 360$(명)입니다.

**17** (좋아하는 동물별 학생 수의 합)

   = $1 \times 6 + 2 \times 7 + 3 \times 8 + 4 \times 9$

   = $6 + 14 + 24 + 36$

   = $80$(명)이므로

   (원숭이를 좋아하는 학생 수)

   = $80 - 25 - 16 - 21 = 18$(명)입니다.

**Jump⁵ 영재교육원 입시대비문제**     138쪽

| 1 ㉠=20, ㉡=22 | 2 4가지 |
|---|---|

**1** (3학년 남학생 수) = $110 - 56 = 54$(명)

   (4반 남학생 수) = $54 - (10 + 12 + 8 + 10)$

   　　　　　　　　 = $14$(명)

   (4반과 5반 여학생 수)

   = $56 - (14 + 8 + 16) = 18$(명)

   (4반 여학생 수) = $18 \div 3 = 6$(명)

   (5반 여학생 수) = $6 \times 2 = 12$(명)

   따라서 ㉠ = $14 + 6 = 20$, ㉡ = $10 + 12 = 22$
   입니다.

2 그래프에서 축구를 좋아하는 학생 수는 **4**명, 미술을 좋아하는 학생 수는 **9**명입니다. 태권도를 좋아하는 학생이 피아노를 좋아하는 학생보다 **1**명 또는 **2**명이 많고, 좋아하는 활동별 학생 수가 미술＞바둑＞축구이므로 바둑을 좋아하는 학생 수는 **5**명부터 **8**명까지 될 수 있습니다.

　① 바둑을 좋아하는 학생 수가 **5**명인 경우 : 나머지는 35−4−9−5=17(명)이므로 피아노 **8**명, 태권도 **9**명

　② 바둑을 좋아하는 학생 수가 **6**명인 경우 : 나머지는 35−4−9−6=16(명)이므로 피아노 **7**명, 태권도 **9**명

　③ 바둑을 좋아하는 학생 수가 **7**명인 경우 : 나머지는 35−4−9−7=15(명)이므로 피아노 **7**명, 태권도 **8**명

　④ 바둑을 좋아하는 학생 수가 **8**명인 경우 : 나머지는 35−4−9−8=14(명)이므로 피아노 **6**명, 태권도 **8**명

# 동영상강의 QR코드

## 1 곱셈

**Jump ③ 왕문제**

| 1 | 2 | 3 | 4 | 5 | 6 |
|---|---|---|---|---|---|
|  |  |  |  |  |  |

| 7 | 8 | 9 | 10 | 11 | 12 |
|---|---|---|---|---|---|
|  |  |  |  |  |  |

| 13 | 14 | 15 | 16 | 17 | 18 |
|---|---|---|---|---|---|
|  |  |  |  |  | 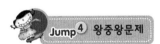 |

**Jump ④ 왕중왕문제**

| 1 | 2 | 3 | 4 | 5 | 6 |
|---|---|---|---|---|---|
|  |  |  |  |  |  |

| 7 | 8 | 9 | 10 | 11 | 12 |
|---|---|---|---|---|---|
|  |  |  |  |  |  |

| 13 | 14 | 15 | 16 | 17 | 18 |
|---|---|---|---|---|---|
|  |  |  |  |  |  |

# 동영상강의 QR코드

Jump 5 영재교육원 입시대비문제

1 　　2

## 2 나눗셈

Jump 3 왕문제

1 　2 　3 　4 　5 　6

7 　8 　9 　10 　11 　12

13 　14 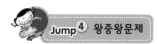　15 　16 　17 　18

Jump 4 왕중왕문제

1 　2 　3 　4 　5 　6

# 동영상강의 QR코드

**7**

**8**

**9**

**10**

**11**

**12**

**13**

**14**

**15**

**16**

**17**

**18**

Jump **5** 영재교육원 입시대비문제

**1**

**2**

## 3 원

Jump **3** 왕문제

**1**

**2**

**3**

**4**

**5**

**6**

**7**

**8**

**9**

**10**

**11**

**12**

동영상강의 QR코드

**13**

**14**

**15**

**16**

**17**

**18**

**19**

Jump 4 왕중왕문제

**1**

**2**

**3**

**4**

**5**

**6**

**7**

**8**

**9**

**10**

**11**

**12**

**13**

**14**

**15**

**16**

**17**

**18**

Jump 5 영재교육원 입시대비문제

**1**

**2**

## 4 분수

| 1 | 2 | 3 | 4 | 5 | 6 |
|---|---|---|---|---|---|
|  |  |  |  | |  |

| 7 | 8 | 9 | 10 | 11 | 12 |
|---|---|---|---|---|---|
|  |  |  |  |  |  |

| 13 | 14 | 15 | 16 | 17 | 18 |
|---|---|---|---|---|---|
|  |  |  |  |  | |

| 1 | 2 | 3 | 4 | 5 | 6 |
|---|---|---|---|---|---|
|  |  |  |  |  |  |

| 7 | 8 | 9 | 10 | 11 | 12 |
|---|---|---|---|---|---|
|  |  |  |  |  |  |

| 13 | 14 | 15 | 16 | 17 | 18 |
|---|---|---|---|---|---|
|  |  |  |  | | |

# 동영상강의 QR코드

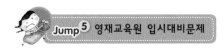

## Jump 5 영재교육원 입시대비문제

1

2

## 5 들이와 무게

## Jump 3 왕문제

1

2

3

4

5

6

7

8

9

10

11

12

13

14

15

16

17

18

## Jump 4 왕중왕문제

1

2

3

4

5

6

# 동영상강의 QR코드

| 7 | 8 | 9 | 10 | 11 | 12 |
|---|---|---|---|---|---|
|  |  |  |  |  |  |

| 13 | 14 | 15 | 16 | 17 | 18 |
|---|---|---|---|---|---|
|  |  |  |  |  |  |

## Jump 5 영재교육원 입시대비문제

| 1 | 2 |
|---|---|
|  | |

# 6 자료의 정리

## Jump 3 왕문제

| 1 | 2 | 3 | 4 | 5 | 6 |
|---|---|---|---|---|---|
|  |  |  |  |  |  |

| 7 | 8 | 9 | 10 | 11 | 12 |
|---|---|---|---|---|---|
|  |  |  |  |  |  |

| 13 | 14 | 15 | 16 | 17 | 18 |
|---|---|---|---|---|---|
| |  |  |  |  | |

# 동영상강의 QR코드

**19**

**20**

**21**

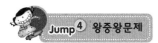

Jump 4 왕중왕문제

**1**

**2**

**3**

**4**

**5**

**6**

**7**

**8**

**9**

**10**

**11**

**12**

**13**

**14**

**15**

**16**

**17**

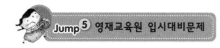

Jump 5 영재교육원 입시대비문제

**1**

**2**

# 정답과 풀이

## 3·2